定量分析 —基礎と応用—

舟橋重信 編

山田眞吉　中村　基
湯地昭夫　内田哲男
山田碩道　金　継業
竹内豊英　　　　著

朝倉書店

執 筆 者

山田 眞吉（やまだ しんきち）	静岡大学工学部・教授
湯地 昭夫（ゆち あきお）	名古屋工業大学大学院工学研究科・教授
山田 碩道（やまだ ひろみち）	名古屋工業大学大学院工学研究科・教授
竹内 豊英（たけうち とよひで）	岐阜大学工学部・教授
中村 基（なかむら もとし）	静岡大学工学部・教授
内田 哲男（うちだ てつお）	名古屋工業大学大学院工学研究科・教授
金 継業（きん けいぎょう）	信州大学理学部・助教授

（執筆順）

はじめに

　最近の分析機器は，科学技術の進歩と相まって目覚ましい発展をとげたが，一方，その内部はほとんどブラックボックス化している．マニュアルに従って操作すれば容易にデータを入手することができる．したがって，これらの機器を操作できるようになることが分析技術の修得である，という錯覚に初学者は陥りがちである．しかし，高度な分析機器も，しっかりとした分析化学の基礎知識があってはじめて正しく有効に使用できるということを認識してほしい．このことは，分析機器を使う前には，試料の採取や調製，それに抽出，分離，精製，濃縮，沈殿などの化学的操作が必須であることを考えれば当然である．

　そこで初学者にも，分析操作の各段階で，どのような原理に基づいているのか，どのような化学反応が起きているのか，どのようなことに注意して分析しなければならないのか，といったことを念頭におきながら，操作の原理や化学現象を理解して，分析することのできる素養を身につけることを期待したい．

　本書は，上記のような見地に立って，大学ではじめて分析化学を学ぶ学生を対象に，分析化学の基礎的な原理や理論，それに考え方や注意点などをやさしく，わかりやすく解説したものである．

　各章は，その分野の第一線の研究者であると同時に関連する分析化学の講義や実験を直接指導されている方々に，それぞれの専門分野について執筆をお願いした．1章では，化学量論に関する基礎的事項を説明し，2章から5章までは，酸塩基反応，錯形成反応，沈殿反応，酸化還元反応に関する溶液化学の基礎概念を平衡論的に解説し，あわせてそれらに関連する実際の分析法について述べられている．6章では溶媒抽出，7章ではクロマトグラフィーを取り上げ，各種分野で多用されている分離分析の原理を集約した．8章では電磁波と物質との相互作用に基づく分光分析として，基礎的な吸光光度法，蛍光光度法，それに原子スペクトル分析法を取り上げた．分光分析には，このほかにも蛍光X

線分析法，赤外・ラマン分光法，磁気共鳴分析法など有用な分析法があるが，本書の目的をこえているので割愛した．9章には化学センサーも含めた各種の電気化学分析について記述されている．

　本書の一つの特徴は，各章の終わりに実験を入れていることである．実際の実験操作に必要で十分な内容が詳述されていて，それに従って実際の分析ができる．そして，その実験の原理は本文から十分理解できるようになっている．したがって本書は，実験書としても有用であると思う．なお，本書の章立てや体裁は，1987年12月刊行の『定量分析の化学—基礎と応用—』（朝倉書店刊）を参考にさせていただいた．ここに記してお礼申し上げます．

　本書の内容は，分析化学を学ぶためにとどまらず，電気化学，溶液化学，錯体化学，物理化学など，広く化学を理解し，それを活用するうえで必要な基礎知識となると確信している．本書が真に，これから分析化学を学ぼうとする学生諸君の助けとなり，分析化学への興味と関心を喚起することになれば，著者一同の喜びとするところである．

　終わりに，本書を上梓するにあたり，多大なご尽力をいただいた朝倉書店編集部の方々に心からお礼申し上げます．

2004年2月

舟橋重信

目　次

1章　溶液内反応の基礎 ……………………………（山田眞吉・湯地昭夫）…1

  1.1　溶　液 ………………………………………………………………………1
  1.2　溶液の濃度 …………………………………………………………………2
  1.3　化学分析と化学反応式 ……………………………………………………3
  1.4　平衡定数 ……………………………………………………………………5

2章　酸塩基平衡と中和滴定 ………………………（山田眞吉・湯地昭夫）…7

  2.1　酸と塩基の概念 ……………………………………………………………7
    2.1.1　ブレンステッドの酸塩基 …………………………………………7
    2.1.2　ルイスの酸塩基 ……………………………………………………8
  2.2　酸および塩基の強さ ………………………………………………………9
    2.2.1　酸の強さ ……………………………………………………………9
    2.2.2　塩基の強さ …………………………………………………………10
  2.3　酸塩基平衡の定量的取り扱い ……………………………………………11
    2.3.1　酸の溶液 ……………………………………………………………12
    2.3.2　塩基の溶液 …………………………………………………………14
    2.3.3　塩の溶液 ……………………………………………………………16
  2.4　中和滴定 ……………………………………………………………………16
    2.4.1　滴定曲線 ……………………………………………………………16
    2.4.2　酸塩基指示薬による終点決定 ……………………………………21
  2.5　pH緩衝液 …………………………………………………………………22
  2.6　中和滴定に関する実験 ……………………………………………………23

3章　錯形成平衡とキレート滴定 …………………（山田眞吉・湯地昭夫）…27

  3.1　錯形成反応と金属錯体 ……………………………………………………27
    3.1.1　生成定数 ……………………………………………………………28

        3.1.2　生成定数の大きさ ……………………………………………29
　3.2　錯形成平衡の定量的取り扱い ……………………………………32
        3.2.1　配位子の副反応 ………………………………………………32
        3.2.2　金属イオンの副反応 …………………………………………33
        3.2.3　金属錯体の副反応 ……………………………………………33
        3.2.4　条件生成定数 …………………………………………………34
        3.2.5　条件生成定数を用いる平衡計算 ……………………………36
　3.3　キレート滴定 ………………………………………………………36
        3.3.1　滴定曲線 ………………………………………………………37
        3.3.2　金属指示薬による終点決定 …………………………………39
        3.3.3　キレート滴定の種類 …………………………………………42
        3.3.4　マスキング ……………………………………………………43
　3.4　キレート滴定に関する実験 ………………………………………44

4章　沈殿生成平衡と重量分析・沈殿滴定 ………(湯地昭夫・山田眞吉)…48

　4.1　沈殿の溶解 …………………………………………………………48
　4.2　沈殿の生成 …………………………………………………………49
　4.3　沈殿生成反応に影響を及ぼす因子 ………………………………50
        4.3.1　金属イオンの副反応 …………………………………………51
        4.3.2　沈殿剤の副反応 ………………………………………………53
　4.4　重量分析 ……………………………………………………………55
        4.4.1　沈殿の生成法 …………………………………………………56
        4.4.2　均一溶液からの沈殿法 ………………………………………56
        4.4.3　沈殿の純度 ……………………………………………………57
        4.4.4　重量分析の操作 ………………………………………………58
　4.5　重量分析に関する実験 ……………………………………………59
　4.6　沈殿滴定 ……………………………………………………………61
        4.6.1　滴定曲線 ………………………………………………………61
        4.6.2　終点指示法 ……………………………………………………62
　4.7　沈殿滴定に関する実験 ……………………………………………64

5章　酸化還元反応と酸化還元滴定 ……………(湯地昭夫・山田眞吉)…65

- 5.1　酸化と還元 …………………………………………………………65
- 5.2　ネルンストの式 ……………………………………………………67
  - 5.2.1　単体/イオン系 …………………………………………67
  - 5.2.2　イオン/金属系 …………………………………………68
  - 5.2.3　イオン/イオン系 ………………………………………68
- 5.3　酸化還元反応 ………………………………………………………69
- 5.4　酸化還元反応に対する他の反応の影響 …………………………71
  - 5.4.1　酸塩基反応の影響 ………………………………………72
  - 5.4.2　錯形成反応の影響 ………………………………………73
  - 5.4.3　沈殿生成反応の影響 ……………………………………74
  - 5.4.4　溶媒としての水の影響 …………………………………74
- 5.5　酸化還元滴定 ………………………………………………………75
  - 5.5.1　滴定曲線 …………………………………………………75
  - 5.5.2　終点指示法 ………………………………………………77
  - 5.5.3　前処理としての酸化還元反応 …………………………78
- 5.6　酸化還元滴定に関する実験 ………………………………………79

6章　溶媒抽出法 ………………………………………(山田碩道)…82

- 6.1　分配律 ………………………………………………………………82
- 6.2　分配比と分配定数 …………………………………………………83
- 6.3　抽出率 ………………………………………………………………86
- 6.4　抽出平衡 ……………………………………………………………86
  - 6.4.1　錯形成を伴わない簡単な無電荷分子の抽出 …………86
  - 6.4.2　キレート抽出系 …………………………………………87
  - 6.4.3　イオン対抽出系 …………………………………………88
  - 6.4.4　非キレート試薬による金属イオンの抽出 ……………89
- 6.5　協同効果 ……………………………………………………………90
- 6.6　抽出分離の選択性 …………………………………………………91
  - 6.6.1　抽出 pH の調整 …………………………………………91
  - 6.6.2　マスキング剤の使用 ……………………………………91

6.6.3　抽出速度の差の利用 …………………………………………91
6.7　抽出方法 ……………………………………………………………92
　　6.7.1　バッチ抽出法 ………………………………………………92
　　6.7.2　溶媒相洗浄 …………………………………………………92
　　6.7.3　ストリッピング ……………………………………………93
　　6.7.4　塩析剤 ………………………………………………………93
　　6.7.5　溶　媒 ………………………………………………………93
　　6.7.6　固相抽出法 …………………………………………………95
6.8　溶媒抽出に関する実験 ……………………………………………96

7章　クロマトグラフィー ……………………………………(竹内豊英)…98

7.1　クロマトグラフィー ………………………………………………98
　　7.1.1　クロマトグラフィーの名称の由来 ………………………98
　　7.1.2　クロマトグラフィーの分類 ………………………………99
　　7.1.3　保持に関するパラメータ …………………………………100
　　7.1.4　分離性能に関するパラメータ ……………………………101
　　7.1.5　定量分析 ……………………………………………………103
7.2　液体クロマトグラフィー …………………………………………103
　　7.2.1　液体クロマトグラフィーの特徴 …………………………103
　　7.2.2　装置の構成 …………………………………………………103
7.3　ガスクロマトグラフィー …………………………………………107
　　7.3.1　ガスクロマトグラフィーの特徴 …………………………107
　　7.3.2　装置の構成 …………………………………………………108
　　7.3.3　GCにおける保持特性 ……………………………………110
7.4　薄層クロマトグラフィー …………………………………………110
　　7.4.1　薄層プレート ………………………………………………111
　　7.4.2　展開方法と検出方法 ………………………………………111
　　7.4.3　定性分析 ……………………………………………………112
7.5　ペーパークロマトグラフィー ……………………………………112
7.6　超臨界流体クロマトグラフィー …………………………………112
7.7　クロマトグラフィーに関する実験 ………………………………113

8章　分光分析 …………中村　基(8.1〜8.4)・内田哲男(8.5, 8.6)…115

- 8.1　紫外・可視吸光光度法 ……………………………………115
  - 8.1.1　原　理 ………………………………………………115
  - 8.1.2　光吸収の法則 ………………………………………117
  - 8.1.3　吸収スペクトルと検量線 …………………………118
  - 8.1.4　装　置 ………………………………………………119
  - 8.1.5　定量操作 ……………………………………………120
  - 8.1.6　溶液内反応の解析への応用 ………………………122
- 8.2　吸光光度法に関する実験 ………………………………127
- 8.3　蛍光光度法 ………………………………………………128
  - 8.3.1　蛍光の原理 …………………………………………128
  - 8.3.2　励起および蛍光スペクトル ………………………129
  - 8.3.3　蛍光強度と濃度 ……………………………………130
  - 8.3.4　装　置 ………………………………………………130
  - 8.3.5　蛍光と化学構造 ……………………………………131
  - 8.3.6　蛍光に影響を与える因子 …………………………132
  - 8.3.7　蛍光分析の感度 ……………………………………133
  - 8.3.8　蛍光光度法の技術 …………………………………133
- 8.4　蛍光光度法に関する実験 ………………………………134
- 8.5　原子スペクトル分析 ……………………………………135
  - 8.5.1　原子スペクトル分析法の原理 ……………………135
  - 8.5.2　原子発光分析 ………………………………………136
  - 8.5.3　原子吸光分析 ………………………………………137
  - 8.5.4　原子吸光分析における干渉とその除去 …………138
- 8.6　原子スペクトル分析に関する実験 ……………………139

9章　電気化学分析 ……………………………………(金　継業)…141

- 9.1　電位差測定 ………………………………………………141
  - 9.1.1　指示電極 ……………………………………………142
  - 9.1.2　参照電極（基準電極）………………………………143
- 9.2　イオンセンサー …………………………………………145

- 9.2.1 ガラス電極 …………………………………146
- 9.2.2 固体膜電極 …………………………………149
- 9.2.3 液膜型電極 …………………………………150
- 9.2.4 イオン感応性電界効果型トランジスタ …………152
- 9.3 ボルタンメトリー …………………………………153
  - 9.3.1 サイクリックボルタンメトリー ……………………153
  - 9.3.2 ストリッピングボルタンメトリー ……………………156
- 9.4 電気化学分析に関する実験 ……………………………157

付　　表 ……………………………………………………159
- 付表1 弱酸の解離定数 …………………………………159
- 付表2 錯体の生成定数 …………………………………160
- 付表3 アミノポリカルボン酸錯体の生成定数 ………163
- 付表4 難溶性塩の溶解度積 ……………………………164
- 付表5 標準酸化還元電位 ………………………………165

索　　引 ……………………………………………………166

実　験　目　次

- 2.1 0.05 M 塩酸の調製と標定 ………23
- 2.2 0.05 M 水酸化ナトリウム溶液の調製と標定 ………24
- 2.3 水酸化ナトリウム中の炭酸ナトリウムの定量 ………25
- 2.4 食酢中の酢酸の定量 ………26
- 3.1 0.01 M EDTA 標準溶液の調製と標定 ………44
- 3.2 カルシウムとマグネシウムの分別定量 ………45
- 3.3 黄銅中の銅と亜鉛の分別定量 ………46
- 4.1 ジメチルグリオキシムによるニッケルの定量 ………59
- 4.2 硫酸イオンの定量 ………60
- 4.3 硝酸銀溶液による塩化物イオンの定量 ………64
- 5.1 ヨウ素酸カリウムによるチオ硫酸ナトリウム溶液の標定 ………79
- 5.2 チオ硫酸ナトリウム溶液による銅(II)の定量 ………80
- 5.3 セリウム(IV)溶液による Fe(II) の電位差滴定 ………81
- 6.1 オキシンの分配 ………96
- 6.2 オキシン抽出によるアルミニウムと鉄の同時定量 ………96
- 7.1 高速液体クロマトグラフィー(HPLC)による清涼飲料水中の添加物の定量 ………113
- 7.2 HPLC による水道水中のフタル酸エステルの定量 ………113
- 8.1 1,10-フェナントロリンを用いる鉄の定量 ………127
- 8.2 ジアゾカップリング反応を用いる亜硝酸イオンの定量 ………127
- 8.3 2,3-ジアミノナフタレンを用いる亜硝酸イオンの蛍光定量 ………134
- 8.4 8-ヒドロキシキノリンスルホン酸によるアルミニウムとガリウムの分別定量 ………135
- 8.5 ケイ酸塩岩石中のアルミニウムの定量 ………139
- 8.6 飲料水中のマグネシウムとカルシウムの定量 ………140
- 9.1 $[Fe(CN)_6]^{3-}$ のサイクリックボルタンメトリー ………157

1章

溶液内反応の基礎

　第2章から第5章では，主として無機物質を対象とする湿式分析法とその基礎について解説する．湿式分析法とは，水溶液となった試料を対象として，溶液中で起こる化学反応を利用する分析法のことである．この手法では，各種の平衡定数を用いて，目的の反応が進行する程度を予測したり，定量条件を最適化したりする．第1章では，そのための基礎となる知識と考え方の骨子を解説する．

1.1　溶　　　液

　2種類以上の物質からなる均一の液相を溶液といい，固体あるいは気体を液体に溶解して溶液を調製する場合には，固体あるいは気体を溶質，液体を溶媒という．液体と液体とを混合して溶液を調製する場合には，少ない方の成分を溶質，多い方の成分を溶媒という．水以外の液体が溶質を溶解するための溶媒として用いられる場合もあるが，化学分析に用いられる反応では水を溶媒に用いる場合が多いので，本書では特に断らない限り溶媒を水に限定し，水溶液を単に溶液という．
　水に溶解した場合の電離の程度によって，溶質は強電解質，弱電解質および非電解質に分類される．塩化ナトリウム NaCl を水に溶解すると，

$$\mathrm{NaCl(s) \longrightarrow Na^+ + Cl^-} \tag{1.1}$$

のように事実上完全に $\mathrm{Na^+}$ と $\mathrm{Cl^-}$ に電離する．このような溶質を強電解質と呼ぶ．塩化ナトリウムが水に溶けるのは，電離により生成した $\mathrm{Na^+}$ と $\mathrm{Cl^-}$ が水和により安定化されるためである．電離の程度が小さい溶質を弱電解質と呼

ぶ．また，メタノールのように水に溶けても電離しない物質を非電解質と呼ぶ．メタノールが水に溶けるのは，その水酸基が水分子と水素結合するからである．

　溶質を水に溶解すると，両者の間で化学反応が起こる場合がある．たとえば，アンモニア水がアルカリ性を示すのは，アンモニア水中で

$$NH_3 + H_2O \rightleftharpoons NH_4^+ + OH^- \tag{1.2}$$

のような加水分解反応が起こるからである．また，金属ナトリウムが水に溶解する際には

$$2\,Na(s) + 2\,H_2O \longrightarrow 2\,Na^+ + 2\,OH^- + H_2(g) \tag{1.3}$$

のような酸化還元反応が起こる．これらの場合，水は溶媒としての役割を果たすとともに，反応物としての役割も果たしている．

1.2　溶液の濃度

　化学分析に用いる溶液は，必要量の溶質を天秤ではかり取り，それをメスフラスコに移し，水で定容にするという操作で調製される．物質量 n_B(mol) の溶質 B を V(dm³) のメスフラスコに移し，水で溶解して一定容積とした場合，この溶液の濃度 C_B(mol dm⁻³) は

$$C_B = \frac{n_B}{V} \tag{1.4}$$

で与えられ，この C_B を B の物質量濃度と呼ぶ．本書では，以後この物質量濃度をモル濃度あるいは単に濃度という．なお，モル濃度の単位としては mol dm⁻³ の代わりに M を用いる．

■ 化学反応式の表わし方

　化学反応式の左辺を反応系，右辺を生成系と呼び，その間に $\rightleftharpoons$ を入れて反応系と生成系との間の化学量論関係（反応にかかわる成分の物質量比）を示す．反応系から生成系への変化だけに着目する場合にはその間に $\longrightarrow$ を入れる．

　化学反応式に含まれる物質が固体の場合には NaCl(s) のように化学式の後に (s) を，液体の場合には CH₃COOH(l) のように (l) を，気体の場合には H₂(g) のように (g) をつける．

Bが電解質の場合には，溶液を調製するために加えた溶質の化学式と溶液中に溶存している化学種の化学式とに違いが生じる．たとえば，弱電解質である氷酢酸を水に溶解すると，その一部が

$$CH_3COOH \longrightarrow CH_3COO^- + H^+ \tag{1.5}$$

のように電離するので，この酢酸溶液を調製するために溶質として加えた氷酢酸の濃度 C_{CH_3COOH} と，溶存している酢酸分子の濃度 $[CH_3COOH]$ との間に違いが生じる．溶存している酢酸イオンの濃度を $[CH_3COO^-]$ で表わすと，この違いは

$$C_{CH_3COOH} = [CH_3COOH] + [CH_3COO^-] \tag{1.6}$$

で表わされる．このような関係式を物質収支式という．第2章以降で示すように，物質収支式は溶液内平衡を定量的に取り扱う場合に非常に重要な式となる．なお，式(1.6)で定義される C_{CH_3COOH} を酢酸の全濃度と呼ぶ．

1.3　化学分析と化学反応式

　溶液内反応を利用する定量分析法（化学分析法）には，容量分析法と重量分析法とがある．これらの化学分析法の特徴は，測定値（滴定値や沈殿の質量など）から簡単な比例計算により結果が直接算出されるところにある．
　たとえば容量分析法の一例として，炭酸ナトリウムによる塩酸の標定を取り

■ 活量と濃度

　式(1.1)に示したように，塩化ナトリウムは溶液中では Na^+ と Cl^- とに完全に電離している．希薄溶液中では Na^+ の近くに Cl^- が存在する確率が相対的に低いのに対して，塩化ナトリウム濃度が濃くなると Na^+ の近くに Cl^- が存在する確率が高くなり，それに応じて Na^+ は Cl^- からの静電引力による束縛を受けるようになる．その結果，実質的に Na^+ として機能する濃度（活量）と実際の濃度（モル濃度）との間にズレを生じる．このズレは活量係数と呼ばれ，両者の関係は

活量＝活量係数×モル濃度

で表わされる．一定の温度の下で，反応に無関係な塩を一定量加えることにより，活量係数の値は一定にすることができる．本書では，この分野を初めて学ぶ人のために，溶液中に溶解している量はすべて濃度で表現してある．

上げる（第 2 章の実験 2.1 を参照）．この中和滴定では

$$\mathrm{Na_2CO_3 + 2\,HCl \longrightarrow 2\,NaCl + H_2O + CO_2(g)} \qquad (1.7)$$

の反応が利用される．いま，濃度 $C_{\mathrm{Na_2CO_3}}$ (M) の炭酸ナトリウム標準溶液 20 cm³ を塩酸で滴定したところ V_{HCl} (cm³) で終点に達したとすると，この塩酸の濃度 C_{HCl} (M) は

$$C_{\mathrm{HCl}} = \frac{2 \times C_{\mathrm{Na_2CO_3}} \times 20}{V_{\mathrm{HCl}}} \qquad (1.8)$$

という比例計算で算出される．

重量分析法の一例として，硫酸イオンの定量を取り上げる（第 4 章の実験 4.2 を参照）．この重量分析では

$$\mathrm{BaCl_2 + K_2SO_4 \longrightarrow BaSO_4(s) + 2\,KCl} \qquad (1.9)$$

の反応が利用され，硫酸イオンは硫酸バリウムとして沈殿する．いま，硫酸イオンを含む試料溶液に塩化バリウム溶液を加えたところ，質量 $w_{\mathrm{BaSO_4}}$ (g) の硫酸バリウムが得られたとすると，この試料溶液中の硫酸イオンの質量 $w_{\mathrm{SO_4}}$ (g) は

$$w_{\mathrm{SO_4}} = w_{\mathrm{BaSO_4}} \times \frac{\text{硫酸イオンの式量}}{\text{硫酸バリウムの式量}} \qquad (1.10)$$

という比例計算で算出される．

これらの例からわかるように，化学分析法で目的成分を定量するためには，用いる化学反応の化学量論（反応比）が明確に定められていることが前提になるし，その化学反応式を明示することが必要となる．

化学反応式は式(1.7)や式(1.9)のように溶質の化学式を用いて書く場合もあるが，第 2 章から第 5 章に記述する各種の反応は，それぞれの反応に直接かかわっているイオン間の反応で書かれる場合が多い．$\mathrm{Na_2CO_3}$，NaCl，$\mathrm{BaCl_2}$，$\mathrm{K_2SO_4}$ や KCl のような塩，HCl のような強酸は，いずれも水溶液中では事実上完全に電離していることを考慮して，式(1.7)と式(1.9)をイオン式で表わすと

$$\mathrm{CO_3^{2-} + 2\,H^+ \longrightarrow H_2O + CO_2(g)} \qquad (1.7')$$

$$\mathrm{Ba^{2+} + SO_4^{2-} \longrightarrow BaSO_4(s)} \qquad (1.9')$$

となる．このようなイオン式で反応を記述すると，その反応がより明瞭になる．

1.4 平衡定数

化学分析に利用される化学反応には可逆反応が多い．式(1.11)で示す酢酸の解離反応も可逆反応である．

$$CH_3COOH \rightleftharpoons CH_3COO^- + H^+ \tag{1.11}$$

この反応では，CH_3COOH が CH_3COO^- と H^+ に解離する反応も進むが，CH_3COO^- と H^+ が結合して CH_3COOH を再生する反応も進む．CH_3COOH が CH_3COO^- と H^+ に解離する反応の速度 v_+ と CH_3COO^- と H^+ が結合して CH_3COOH を再生する反応の速度 v_- は

$$v_+ = k_+[CH_3COOH] \tag{1.12}$$
$$v_- = k_-[CH_3COO^-][H^+] \tag{1.13}$$

で表わされる．ここで k_+ と k_- はそれぞれの反応の速度定数であり，温度と圧力が一定の下では定数である．

氷酢酸を水に溶解すると，溶解した CH_3COOH の一部が CH_3COO^- と H^+ に解離するので，時間の経過とともに $[CH_3COOH]$ は減少し v_+ は小さくなる．式(1.6)が示すように，$[CH_3COOH]$ が減少した分だけ $[CH_3COO^-]$ は増加するので，時間の経過とともに v_- は大きくなる．短時間の間に v_+ と v_- が等しくなり，$[CH_3COOH]$，$[CH_3COO^-]$，$[H^+]$ のいずれもが見かけ上もはや変化しなくなる状態に達する．このような状態を平衡の状態にあるという．

平衡状態では $v_+ = v_-$ であるから

$$k_+[CH_3COOH] = k_-[CH_3COO^-][H^+] \tag{1.14}$$

となり

$$\frac{[CH_3COO^-][H^+]}{[CH_3COOH]} = \frac{k_+}{k_-} = K \tag{1.15}$$

となる．k_+ と k_- は温度と圧力が一定の下では反応に関与する化学種の濃度に無関係な定数であるので，式(1.15)で与えられる K も温度と圧力が一定の下では反応に関与する化学種の濃度に無関係な定数となる．この K を平衡定数という．

弱電解質の電離平衡の位置を表わす数値に電離度がある．たとえば，酢酸の電離度 α は

$$\alpha = \frac{[\mathrm{CH_3COO^-}]}{C_{\mathrm{CH_3COOH}}} \tag{1.16}$$

で与えられる．$C_{\mathrm{CH_3COOH}} \geqq 10^{-4}\,\mathrm{M}$ では

$$[\mathrm{CH_3COO^-}] = [\mathrm{H^+}] = \alpha \times C_{\mathrm{CH_3COOH}} \tag{1.17}$$

$$[\mathrm{CH_3COOH}] = (1-\alpha) \times C_{\mathrm{CH_3COOH}} \tag{1.18}$$

であるから，式(1.15)の K は

$$\begin{aligned} K &= \frac{(\alpha \times C_{\mathrm{CH_3COOH}})^2}{(1-\alpha) \times C_{\mathrm{CH_3COOH}}} \\ &= \frac{\alpha^2 \times C_{\mathrm{CH_3COOH}}}{1-\alpha} \end{aligned} \tag{1.19}$$

となる．式(1.19)が示すように電離度は電解質の濃度に依存する量であり，普遍的な値ではない．これに対して，平衡定数は平衡の位置を支配する本質的な値である．

第2章以降では，注目する酸塩基反応，錯形成反応，沈殿生成反応，酸化還元反応が，ある特定の条件下でどの程度進行するかを，前述した物質収支と平衡定数を用いて予測することが第一の目的となる．また，これらの反応は相互に影響を及ぼしあうが，その効果を合理的に考慮する方法を学ぶ．

2章

酸塩基平衡と中和滴定

　水溶液中での酸塩基反応を化学分析に利用したものが中和滴定である．中和滴定では，酸または塩基の標準溶液で試料溶液を滴定することによって，試料溶液中の塩基または酸が定量される．本章では，酸塩基反応に関与する化学種の量的関係を明らかにするための考え方や方法を学び，それらが中和滴定や緩衝作用の原理などにどのように応用されているかを理解する．

2.1 酸と塩基の概念

2.1.1 ブレンステッドの酸塩基

　多くの実験事実を統一的に考えて，1887年にアレニウス（S.A. Arrhenius）は，HClのように「水素を含み，水に溶解すると水素イオンと陰イオンとに電離する物質」を酸と定義し，NaOHのように「水酸基を含み，水に溶解すると水酸化物イオンと陽イオンとに電離する物質」を塩基と定義した．

　その後 NH_3 のように水酸基をもたない物質がアルカリ性を示すのは，

$$NH_3 + H_2O \rightleftharpoons NH_4^+ + OH^- \tag{2.1}$$

という反応によることが認識されるようになった．この反応では，塩基である NH_3 は溶媒である水からプロトン（水素の原子核）を受け取って NH_4^+ に変化している．一方，酸の溶液では

$$HCl + H_2O \rightleftharpoons H_3O^+ + Cl^- \tag{2.2}$$

のように，酸であるHClは溶媒である水にプロトンを与えて Cl^- に変化している．すなわち，プロトンの授受に関して酸と塩基はまったく逆の挙動を示す．

　このような視点から，1923年にブレンステッド（J.N. Brønsted）とローリー

(T.M. Lowry)は，プロトン供与体を酸，プロトン受容体を塩基と定義した．この定義によると，ブレンステッド酸とブレンステッド塩基の関係は

$$\text{ブレンステッド酸} \rightleftharpoons \text{ブレンステッド塩基} + \text{H}^+ \tag{2.3}$$

で表わされ，ブレンステッド塩基はプロトンを受け取ればブレンステッド酸になり，ブレンステッド酸はプロトンを失えばブレンステッド塩基になる．このように，プロトンを与えるか受け取るかによって，相互に酸と塩基が入れ替わる一組みの酸塩基を共役酸塩基対と呼ぶ．式(2.1)では，NH_3を酸NH_4^+の共役塩基，NH_4^+を塩基NH_3の共役酸と呼ぶ．

式(2.1)の反応では，H_2Oはプロトンを放出してその共役塩基OH^-に変化しているから酸として作用している．一方，式(2.2)の反応では，H_2Oはプロトンを受け取ってその共役酸H_3O^+(オキソニウムイオン)に変化しているから塩基として作用している．そうすると，酸としての水と塩基としての水との反応

$$H_2O + H_2O \rightleftharpoons H_3O^+ + OH^- \tag{2.4}$$

を考えることができる．この反応は水の自己プロトリシス反応と呼ばれ，その平衡定数Kは

$$K = \frac{[H_3O^+][OH^-]}{[H_2O]^2} \tag{2.5}$$

で定義される．$[H_2O]$は一定（55.5 M）とみなせるので，H_3O^+をH^+と略記した

$$K_w = K[H_2O]^2 = [H^+][OH^-] \tag{2.5'}$$

という平衡定数が定義できる．このK_wは水の自己プロトリシス定数あるいは水のイオン積と呼ばれ，25°Cでは$1 \times 10^{-14} M^2$という値である

2.1.2 ルイスの酸塩基

酸塩基平衡では，オキソニウムイオンの増減を扱うので，ブレンステッドの説で酸塩基を考えれば十分であるが，酸塩基の概念の変遷をもう少したどってみよう．

ブレンステッド塩基はどのようにしてプロトンを受け取るかを理解するために，価電子を考慮してブレンステッド塩基のいくつかを書き表わすと

$$\text{H}:\ddot{\text{N}}:\text{H} \qquad \text{H}:\ddot{\text{O}}:\text{H} \qquad :\ddot{\text{O}}:\text{H}^-$$
$$\text{H}$$

　　アンモニア　　　　　水　　　　水酸化物イオン

となる．これらに共通する特徴は，非共有電子対（：）を有する原子が存在していることである．一方，プロトンには価電子がないので，たとえば式(2.1)の反応ではアンモニアの窒素原子上の非共有電子対がプロトンとの間で共有されて NH_4^+ が生成する．したがって，ブレンステッド塩基とは"電子対供与体"と言い換えることができる．ブレンステッドの酸塩基説では塩基の非共有電子対を受け取る物質をプロトンに限定しているが，たとえば

$$Cu^{2+} + 4(:NH_3) \rightleftharpoons [Cu(:NH_3)_4]^{2+} \tag{2.6}$$

の反応では，Cu^{2+} はプロトンと同じようにアンモニアの窒素原子上の非共有電子対を受け取っている．

このような電子対の授受に着目して，1923年にルイス(G.N. Lewis)は，プロトンや Cu^{2+} のような電子対受容体を酸，$:NH_3$ のような電子対供与体を塩基と定義し，ルイスの酸塩基反応で生成する物質を配位錯体と呼んだ．このルイスの定義に従って式(2.3)に示したブレンステッドの酸塩基反応を表現すると，ブレンステッド酸がルイスの配位錯体に，ブレンステッド塩基がルイス塩基に，H^+ がルイス酸に相当することになる．この定義による反応については第3章で詳しく述べることとし，以下ではブレンステッドの酸塩基反応を扱う．

2.2 酸および塩基の強さ

2.2.1 酸の強さ

ブレンステッドの酸塩基説に従うと，弱酸 HA の水溶液中では

$$HA + H_2O \rightleftharpoons H_3O^+ + A^- \tag{2.7}$$

という平衡が成り立っており，この平衡定数 K は

$$K = \frac{[H_3O^+][A^-]}{[HA][H_2O]} \tag{2.8}$$

で定義される．比較的希薄な溶液では $[H_2O]$ は一定（55.5 M）とみなせるので，H_3O^+ を H^+ と略記した

$$K_a = \frac{[H^+][A^-]}{[HA]} \tag{2.8'}$$

という平衡定数が定義できる．式(2.8')のように平衡定数を定義することは式(2.7)の平衡を

$$HA \rightleftharpoons H^+ + A^- \tag{2.7'}$$

のように略記することを意味する．

式(2.8′)の K_a は HA の酸解離定数と呼ばれ，水の塩基性を基準とする酸の強さを示す（一般には $pK_a = -\log K_a$ が酸の強さの尺度として用いられる）．K_a が大きい，言い換えれば pK_a が小さいほど強い酸となる．

付表1に代表的なブレンステッド酸について，その pK_a 値が示してある．この表には解離しうるプロトンを複数有する酸が含まれている．たとえばリン酸は解離しうるプロトンを三つ有するので

$$H_3PO_4 \rightleftharpoons H^+ + H_2PO_4^- \tag{2.9}$$

$$H_2PO_4^- \rightleftharpoons H^+ + HPO_4^{2-} \tag{2.10}$$

$$HPO_4^{2-} \rightleftharpoons H^+ + PO_4^{3-} \tag{2.11}$$

のような三段階の逐次酸解離反応を示す．このような三プロトン酸に対しては，式(2.9)の第一酸解離反応に対する平衡定数（K_{a1}），式(2.10)の第二酸解離反応に対する平衡定数（K_{a2}），式(2.11)の第三酸解離反応に対する平衡定数（K_{a3}）という三つの酸解離定数が定義される．

塩酸や硝酸のような強酸の K_a 値は実測できないほど大きく，その解離反応

$$HCl + H_2O \longrightarrow H_3O^+ + Cl^- \tag{2.2′}$$

$$HNO_3 + H_2O \longrightarrow H_3O^+ + NO_3^- \tag{2.12}$$

は生成系の方に一方的に片寄っている．その結果，いずれの酸の水溶液もオキソニウムイオン H_3O^+ が酸としての性質を果たすことになり，塩酸と硝酸の強さは区別できなくなる．溶媒としての水のこのような働きを水平化効果という．

2.2.2 塩基の強さ

弱塩基 B の水溶液中では

$$B + H_2O \rightleftharpoons HB^+ + OH^- \tag{2.13}$$

という平衡が成り立っており，弱酸の水溶液の場合と同様な手順でこの平衡に対して平衡定数を定義する．

$$K_b = \frac{[HB^+][OH^-]}{[B]} \tag{2.14}$$

この K_b は塩基解離定数と呼ばれ，水の酸性を基準とする塩基の強さを示す．K_b が大きい，言い換えれば，$pK_b = -\log K_b$ が小さい塩基ほど強い塩基となる．

ところで，弱酸 HA の共役塩基 A^- の場合には，その塩基解離定数は

$$K_{\mathrm{b}} = \frac{[\mathrm{HA}][\mathrm{OH}^-]}{[\mathrm{A}^-]} \tag{2.15}$$

で表わされる．式(2.8′)すなわち弱酸 HA の酸解離定数と，式(2.15)すなわち塩基 A^- の塩基解離定数を掛け合わせると

$$K_{\mathrm{a}} \times K_{\mathrm{b}} = \frac{[\mathrm{H}^+][\mathrm{A}^-]}{[\mathrm{HA}]} \times \frac{[\mathrm{HA}][\mathrm{OH}^-]}{[\mathrm{A}^-]} = [\mathrm{H}^+][\mathrm{OH}^-] = K_{\mathrm{w}} \tag{2.16}$$

となる．つまり $\mathrm{p}K_{\mathrm{b}}$ は

$$\mathrm{p}K_{\mathrm{b}} = 14 - \mathrm{p}K_{\mathrm{a}} \tag{2.17}$$

で，その共役酸の $\mathrm{p}K_{\mathrm{a}}$ 値と関係づけられている．したがって，付表1では塩基についてはその共役酸の $\mathrm{p}K_{\mathrm{a}}$ 値が示してある．

たとえば，アンモニアの塩基としての強さを見積もるには，NH_3 の塩基解離反応

$$\mathrm{NH}_3 \rightleftarrows \mathrm{NH}_4^+ + \mathrm{OH}^- \tag{2.18}$$

の平衡定数

$$K_{\mathrm{b}} = \frac{[\mathrm{NH}_4^+][\mathrm{OH}^-]}{[\mathrm{NH}_3]} \tag{2.19}$$

の値を用いるが，この K_{b} 値はアンモニアの共役酸である NH_4^+ の酸解離定数

$$K_{\mathrm{a}} = \frac{[\mathrm{H}^+][\mathrm{NH}_3]}{[\mathrm{NH}_4^+]} = 10^{-9.26} \tag{2.20}$$

の値と式(2.17)の関係から

$$\mathrm{p}K_{\mathrm{b}} = 14.00 - \mathrm{p}K_{\mathrm{a}} = 14.00 - 9.26 = 4.74 \tag{2.21}$$

のようにして求められる．

2.3 酸塩基平衡の定量的取り扱い

酸塩基反応に関与する化学種の平衡濃度を計算するためには，まず，それぞれの溶液中で考慮すべき反応と存在する化学種を明らかにしてから以下のことを行う．
① 可逆反応について平衡定数を定義する．
② 溶質について物質収支をとる．
③ 溶液中に存在するイオン種について電気的中性の原理を適用する．
これらから得られる式を組み合わせれば，溶質の全濃度を $[\mathrm{H}^+]$ だけで表わす

式が得られる．この式から $[H^+]$ を求めれば，この $[H^+]$ を介して溶液中に存在するすべての化学種の量を求めることができる．

2.3.1 酸の溶液
a. 全濃度 C_A の塩酸溶液

HCl は強酸であり，定量的に H^+ と Cl^- に解離しているので，この系で考慮すべき平衡は H_2O の自己プロトリシス反応だけである．したがって

① $K_w = [H^+][OH^-]$
② $C_A = [Cl^-]$
③ $[H^+] = [Cl^-] + [OH^-]$

となる．これらを組み合わせると

$$C_A = [H^+] - \frac{K_w}{[H^+]} \qquad (2.22)$$

を得る．

b. 全濃度 C_A の酢酸溶液

CH_3COOH は弱酸であるので，この系で考慮すべき平衡は CH_3COOH の酸

■ **H^+ あるいは OH^- に関する物質収支式**

全濃度 C_A の弱酸 HA 中で考慮すべき酸塩基反応は

$$HA \rightleftharpoons H^+ + A^-$$

と

$$H_2O \rightleftharpoons H^+ + OH^-$$

である．この系に含まれる H^+ の全濃度 C_H は

$$C_H = [H^+] + [HA] - [OH^-]$$

である．この式と $C_H = C_A$ とを組み合わせると

$$[H^+] = [A^-] + [OH^-]$$

を得る．この式は HA の電荷によらず（たとえば，中性でも正電荷を帯びていても）成立するが，電荷を帯びていない場合には，電気的中性の原理によって導くことができる．

弱塩基 B についても，OH^- に関する物質収支式と $C_{OH} = C_B$ とを組み合わせると，弱塩基 B の系に電気的中性の原理を適用した式を得る．このように，H^+ あるいは OH^- に関する物質収支式は電気的中性の原理を適用した式と同じ意味をもつ．ただし，電気的中性の原理を適用した式を書く場合には，系に含まれるすべてのイオン種が特定されている必要がある．

解離反応と H_2O の自己プロトリシス反応である。したがって

① $K_a = \dfrac{[H^+][CH_3COO^-]}{[CH_3COOH]}$

$K_w = [H^+][OH^-]$

② $C_A = [CH_3COOH] + [CH_3COO^-]$

③ $[H^+] = [CH_3COO^-] + [OH^-]$

となる。これらを組み合わせると

$$C_A = \left(1 + \dfrac{[H^+]}{K_a}\right)\left([H^+] - \dfrac{K_w}{[H^+]}\right) \tag{2.23}$$

を得る。酸 HA が強酸の場合には $[H^+]/K_a = [HA]/[A^-] \ll 1$ であるから、この関係を式(2.23)に代入すると式(2.22)になる。

c. 全濃度 C_A の塩化アンモニウム溶液

NH_4Cl は NH_4^+ と Cl^- に定量的に電離し、生じた NH_4^+ は弱酸として振る舞う。この系で考慮すべき平衡は NH_4^+ の酸解離反応と H_2O の自己プロトリシス反応である。したがって

① $K_a = \dfrac{[H^+][NH_3]}{[NH_4^+]}$

$K_w = [H^+][OH^-]$

② $C_A = [NH_4^+] + [NH_3] = [Cl^-]$

③ $[H^+] + [NH_4^+] = [Cl^-] + [OH^-]$

となる。これらを組み合わせると

$$C_A = \left(1 + \dfrac{[H^+]}{K_a}\right)\left([H^+] - \dfrac{K_w}{[H^+]}\right) \tag{2.24}$$

を得る。この結果は上の b の結果と一致する。

d. 全濃度 C_A の酸の溶液の pH

いろいろな pK_a 値の酸について、式(2.22)あるいは式(2.23)を用いて計算した pH と $\log C_A$ との関係を図2.1に示す。

pH<6 では $[H^+] \gg [OH^-]$ であるから、式(2.22)は

$$C_A = [H^+] \tag{2.25}$$

と近似できるので

$$pH = -\log C_A \tag{2.26}$$

となり、図中では一番上端の傾き1の直線がこれに対応する。

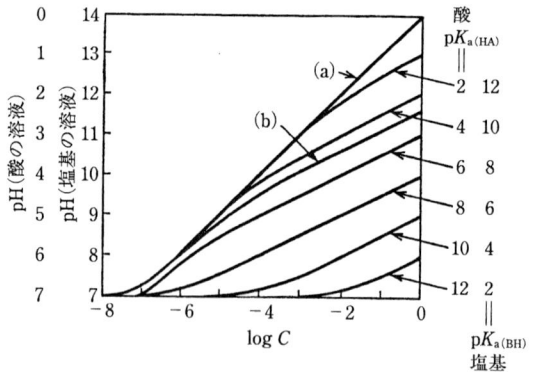

図 2.1 いろいろな pK_a の値をもつ酸および塩基に対する pH と濃度との関係 (a) 強酸および強塩基,(b) 酢酸($pK_a = 4.74$) およびアンモニウムイオン ($pK_a = 9.26$).

一方,pH<6 では式(2.23)は

$$C_A = [H^+]\left(1 + \frac{[H^+]}{K_a}\right) \tag{2.27}$$

と近似できる.さらに,pK_a が pH より 2 以上大きいと,[HA] に対して [A⁻] の量は無視できるほど少ないので,次式が得られる.

$$C_A = \frac{[H^+]^2}{K_a} \tag{2.28}$$

このとき

$$pH = -\frac{1}{2} \log C_A + \frac{1}{2} pK_a \tag{2.29}$$

となる.図中では,それぞれの pK_a について傾き 1/2 の直線領域がこれに対応する.

これらの中間領域では酸解離平衡はどちらかに偏ることなく,HA も A⁻ も同程度に存在している.この場合でも式(2.27)の二次方程式を解くことにより,[H⁺] を求めることができる.たとえば,10^{-2} M の塩酸溶液では式(2.26)により,pH 2 となる.10^{-2} M の酢酸溶液では式(2.28)があてはまり pH 3.37 となるが,10^{-5} M の溶液では式(2.27)があてはまり pH 5.14 となる.

2.3.2 塩基の溶液

a. 全濃度 C_B の水酸化ナトリウム溶液

NaOH は強塩基であり,定量的に Na⁺ と OH⁻ に解離しているので,この系で考慮すべき平衡は H_2O の自己プロトリシス反応だけである.したがって

① $K_w = [\mathrm{H^+}][\mathrm{OH^-}]$
② $C_B = [\mathrm{Na^+}]$
③ $[\mathrm{H^+}] + [\mathrm{Na^+}] = [\mathrm{OH^-}]$

となる．これらを組み合わせると

$$C_B = \frac{K_w}{[\mathrm{H^+}]} - [\mathrm{H^+}] \tag{2.30}$$

を得る．

b. 全濃度 C_B のアンモニア水

$\mathrm{NH_3}$ は弱塩基であるので，この系で考慮すべき平衡は $\mathrm{NH_3}$ の塩基解離反応と $\mathrm{H_2O}$ の自己プロトリシス反応である．ただし，2.2 節で述べた考え方に従い，$\mathrm{NH_3}$ の塩基解離定数の代わりに $\mathrm{NH_3}$ の共役酸である $\mathrm{NH_4^+}$ の酸解離定数を用いる．したがって

① $K_a = \dfrac{[\mathrm{H^+}][\mathrm{NH_3}]}{[\mathrm{NH_4^+}]}$

  $K_w = [\mathrm{H^+}][\mathrm{OH^-}]$
② $C_B = [\mathrm{NH_4^+}] + [\mathrm{NH_3}]$
③ $[\mathrm{H^+}] + [\mathrm{NH_4^+}] = [\mathrm{OH^-}]$

となる．これらを組み合わせると

$$C_B = \left(1 + \frac{K_a}{[\mathrm{H^+}]}\right)\left(\frac{K_w}{[\mathrm{H^+}]} - [\mathrm{H^+}]\right) \tag{2.31}$$

を得る．塩基 B が強塩基の場合には，$K_a/[\mathrm{H^+}] = [\mathrm{B}]/[\mathrm{HB^+}] \ll 1$ であるからこの関係を式(2.31)に代入すると式(2.30)になる．

c. 全濃度 C_B の酢酸ナトリウム溶液

$\mathrm{CH_3COONa}$ は $\mathrm{CH_3COO^-}$ と $\mathrm{Na^+}$ に定量的に電離し，生じた $\mathrm{CH_3COO^-}$ は弱塩基として振る舞う．この系で考慮すべき平衡は $\mathrm{CH_3COO^-}$ の塩基解離反応と $\mathrm{H_2O}$ の自己プロトリシス反応であるが，$\mathrm{CH_3COO^-}$ の塩基解離定数の代わりに $\mathrm{CH_3COO^-}$ の共役酸である $\mathrm{CH_3COOH}$ の酸解離定数を用いる．したがって

① $K_a = \dfrac{[\mathrm{H^+}][\mathrm{CH_3COO^-}]}{[\mathrm{CH_3COOH}]}$

  $K_w = [\mathrm{H^+}][\mathrm{OH^-}]$
② $C_B = [\mathrm{Na^+}] = [\mathrm{CH_3COOH}] + [\mathrm{CH_3COO^-}]$
③ $[\mathrm{H^+}] + [\mathrm{Na^+}] = [\mathrm{CH_3COO^-}] + [\mathrm{OH^-}]$

となる．これらを組み合わせると

$$C_\mathrm{B} = \left(1 + \frac{K_\mathrm{a}}{[\mathrm{H}^+]}\right)\left(\frac{K_\mathrm{w}}{[\mathrm{H}^+]} - [\mathrm{H}^+]\right) \tag{2.32}$$

を得る．この結果は前述のbの結果と一致する．

2.3.3 塩の溶液

加水分解により酸性あるいは塩基性を示す塩については2.3.1項のcあるいは2.3.2項のcで取り上げた．ここでは，加水分解しない塩を取り上げる．

全濃度 C_S の塩化ナトリウム溶液

NaClの定量的電離によって生じた Na^+ と Cl^- はどちらも酸としても塩基としても振る舞わないので，この系で考慮すべき平衡は $\mathrm{H_2O}$ の自己プロトリシス反応だけである．したがって

① $K_\mathrm{w} = [\mathrm{H}^+][\mathrm{OH}^-]$
② $C_\mathrm{S} = [\mathrm{Na}^+] = [\mathrm{Cl}^-]$
③ $[\mathrm{H}^+] + [\mathrm{Na}^+] = [\mathrm{Cl}^-] + [\mathrm{OH}^-]$

となる．これらを組み合わせると

$$\frac{K_\mathrm{w}}{[\mathrm{H}^+]} = [\mathrm{H}^+] \tag{2.33}$$

を得る．すなわち，塩化ナトリウムの水溶液は塩化ナトリウムの濃度によらずpHが7である．

2.4 中 和 滴 定

水溶液中における酸塩基反応を応用した分析法が中和滴定（酸塩基滴定）である．中和滴定では，当量点前後でできるだけ大きなpH変化を得るために，滴定剤としては塩酸のような強一プロトン酸あるいは水酸化ナトリウムのような強一プロトン塩基の溶液が用いられる．終点は酸塩基指示薬と呼ばれる色素の変色で決められる場合が多い．

2.4.1 滴定曲線

滴定の進行に伴う試料溶液のpH変化を示す曲線を滴定曲線という．試料溶液中の酸あるいは塩基の濃度とその酸解離定数が与えられれば理論滴定曲線が作成でき，指示薬の選択，滴定誤差の評価などに用いることができる．なお，試料溶液の体積はビュレットから加えた標準溶液の体積よりかなり大きい場合

が多いので，理論滴定曲線を描く際には滴定の進行に伴う試料溶液の体積変化は無視する．

a. 一プロトン酸あるいは一プロトン塩基の滴定

濃度 C_A の一プロトン酸 HA を濃度 C_B の水酸化ナトリウムで滴定する場合を考える．この滴定反応の化学反応式は

$$NaOH + HA \rightleftharpoons NaA + H_2O \qquad (2.34)$$

で表わされる．この反応式に含まれる NaOH，HA および NaA を 2.3.2 項の a，2.3.1 項の b および 2.3.2 項の c のように考えると，この系で考慮すべき平衡は HA の酸解離反応と H_2O の自己プロトリシス反応である．したがって

① $K_a = \dfrac{[H^+][A^-]}{[HA]}$

$K_w = [H^+][OH^-]$

② $C_A = [HA] + [A^-]$

$C_B = [Na^+]$

③ $[H^+] + [Na^+] = [OH^-] + [A^-]$

となる．これらを組み合わせると

$$C_B = \dfrac{C_A K_a}{K_a + [H^+]} + \dfrac{K_w}{[H^+]} - [H^+] \qquad (2.35)$$

となる．この式の両辺を C_A で割り，$C_B/C_A = a$ とおくと

$$a = \dfrac{K_a}{K_a + [H^+]} + \dfrac{1}{C_A}\left(\dfrac{K_w}{[H^+]} - [H^+]\right) \qquad (2.36)$$

を得る．ここで，a は HA に対して滴下した水酸化ナトリウムの濃度比を示し，滴定率と呼ばれる．HA が強酸の場合には $K_a \gg [H^+]$ であるから，式(2.36)は

$$a = 1 + \dfrac{1}{C_A}\left(\dfrac{K_w}{[H^+]} - [H^+]\right) \qquad (2.36')$$

となる．

式(2.36)に $pK_a = 4.74$，$C_A = 0.1$ M を代入すると NaOH による 0.1 M の CH_3COOH の滴定曲線を，式(2.36') に $C_A = 0.1$ M を代入すると NaOH による 0.1 M の HCl の滴定曲線を描くことができる．その結果を図 2.2 に示す．いずれの滴定曲線も $a = 1$ で大きな pH 変化（pH ジャンプ）を示すが，弱酸の pH ジャンプは強酸のそれに比べて小さい．

濃度 C_B の一プロトン塩基 B を濃度 C_A の塩酸で滴定する場合についても前述と同様な取り扱いにより，$a=C_A/C_B$ で定義される滴定曲線の関数として

$$a=\frac{[H^+]}{K_a+[H^+]}+\frac{1}{C_B}\left([H^+]-\frac{K_w}{[H^+]}\right) \quad (2.37)$$

を得る．ここで $K_a=[H^+][B]/[HB^+]$ である．B が強塩基の場合には $[H^+]\gg K_a$ であるから，式(2.37)は

$$a=1+\frac{1}{C_B}\left([H^+]-\frac{K_w}{[H^+]}\right) \quad (2.37')$$

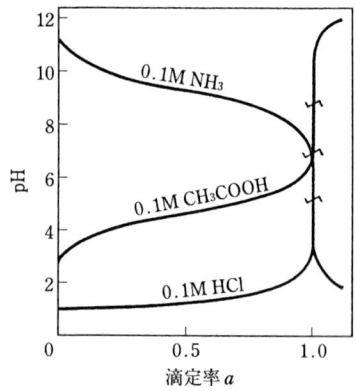

図 2.2　NaOH による 0.1 M HCl, 0.1 M CH$_3$COOH および HCl による 0.1 M NH$_3$ の滴定曲線

となる．式(2.37)に pK_a=9.26, C_B=0.1 M を代入すると，HCl による 0.1 M の NH$_3$ の滴定曲線を描くことができる．その結果も図2.2に示す．

b. 炭酸ナトリウムの滴定

多プロトン塩基の滴定の例として，濃度 C_B の二プロトン塩基である炭酸イオンを濃度 C_A の塩酸で滴定する場合を考える．この滴定は実験2.1に示すように塩酸の標定に用いられ，その滴定反応の化学反応式は

$$Na_2CO_3+2\,HCl\longrightarrow 2\,NaCl+H_2CO_3 \quad (2.38)$$

で表わされる．この反応式に含まれる Na$_2$CO$_3$，HCl，NaCl および H$_2$CO$_3$ を 2.3.2項のc，2.3.1項のa，2.3.3項のa および 2.3.1項のb のように考えると，この系で考慮すべき平衡は H$_2$CO$_3$ の酸解離反応と H$_2$O の自己プロトリシス反応である．ただし，式(2.38)の滴定反応が

$$CO_3^{2-}+H^+\rightleftharpoons HCO_3^- \quad (2.39)$$
$$HCO_3^-+H^+\rightleftharpoons H_2CO_3 \quad (2.40)$$

で表わされる塩基 CO$_3^{2-}$ へのプロトン付加反応であることを考慮して，H$_2$CO$_3$ の酸解離定数の代わりに CO$_3^{2-}$ へのプロトン付加定数を用いる．したがって，

① $\beta_1=\dfrac{[HCO_3^-]}{[H^+][CO_3^{2-}]}$

$\beta_2=\dfrac{[H_2CO_3]}{[H^+]^2[CO_3^{2-}]}$

$$K_w = [\text{H}^+][\text{OH}^-]$$

② $C_A = [\text{Cl}^-]$

$$C_B = \frac{[\text{Na}^+]}{2} = [\text{H}_2\text{CO}_3] + [\text{HCO}_3^-] + [\text{CO}_3^{2-}]$$

③ $[\text{H}^+] + [\text{Na}^+] = [\text{Cl}^-] + [\text{OH}^-] + [\text{HCO}_3^-] + 2[\text{CO}_3^{2-}]$

となる．これらを組み合わせると

$$C_A = \frac{C_B(\beta_1[\text{H}^+] + 2\beta_2[\text{H}^+]^2)}{1 + \beta_1[\text{H}^+] + 2\beta_2[\text{H}^+]^2} + [\text{H}^+] - \frac{[\text{H}^+]}{K_w} \quad (2.41)$$

となり，この式の両辺を C_B で割り，$C_A/C_B = a$ とおくと

$$a = \frac{\beta_1[\text{H}^+] + 2\beta_2[\text{H}^+]^2}{1 + \beta_1[\text{H}^+] + 2\beta_2[\text{H}^+]^2} + \frac{1}{C_B}\left([\text{H}^+] - \frac{[\text{H}^+]}{K_w}\right) \quad (2.42)$$

を得る．

　式(2.42)に $\log \beta_1 = 10.25$，$\log \beta_2 = 16.71$，$C_B = 0.01$ M を代入して描いた滴定曲線を図2.3に示す．炭酸ナトリウムの滴定曲線は $a=1$ と 2 で急激な pH 変化（pH ジャンプ）を示すが，$a=2$ のジャンプの方が大きいのでこれが終点決定に用いられる（実験2.3を参照）．ところが，この滴定の $a=2$ 付近では試料溶液は CO_2 に関して過飽和になっており，CO_2 の揮発量が塩酸の滴下速度や試料溶液の撹拌の仕方により左右されるので，再現性のある滴定値を得るのが難しい．このため，実験2.1では，終点直前で煮沸して試料溶液から CO_2 を追い出す．この操作により，滴定反応の化学反応式は式(2.38)から

$$\text{Na}_2\text{CO}_3 + 2\,\text{HCl} \longrightarrow 2\,\text{NaCl} + \text{H}_2\text{O} + \text{CO}_2 \quad (2.43)$$

のように書き換えられることになり，その結果，再現性のよい滴定値を得るこ

■ プロトン付加定数と酸解離定数

　プロトン付加定数には，式(2.39)および式(2.40)のような逐次プロトン付加反応に対する平衡定数と，H_2CO_3 の生成反応を

$$\text{CO}_3^{2-} + 2\,\text{H}^+ \rightleftharpoons \text{H}_2\text{CO}_3$$

のように表わした場合の平衡定数とがある．前者を逐次プロトン付加定数と呼び，$K_1 = [\text{HCO}_3^-]/([\text{H}^+][\text{CO}_3^{2-}])$，$K_2 = [\text{H}_2\text{CO}_3]/([\text{H}^+][\text{HCO}_3^-])$ のように表わす．後者を全プロトン付加定数と呼び，$\beta_1 = K_1 = [\text{HCO}_3^-]/([\text{H}^+][\text{CO}_3^{2-}])$，$\beta_2 = K_1 \times K_2 = [\text{H}_2\text{CO}_3]/([\text{H}^+]^2[\text{CO}_3^{2-}])$ のように表わす．また，プロトン付加定数と酸解離定数との間には $K_1 = 1/K_{a2}$，$K_2 = 1/K_{a1}$ の関係がある．

とができるとともに，$a=2$ でのpHジャンプが大きくなるため，より正確に終点を決めることができる．

次に，塩酸による炭酸ナトリウムの滴定に伴って CO_3^{2-}，HCO_3^-，H_2CO_3 の存在割合が，溶液のpHによってどのように影響を受けるかを考える．

H_2CO_3 の存在割合を X_2 で表わすと

$$X_2 = \frac{[H_2CO_3]}{[CO_3^{2-}]+[HCO_3^-]+[H_2CO_3]}$$
$$= \frac{\beta_2[H^+]^2}{1+\beta_1[H^+]+\beta_2[H^+]^2} \tag{2.44}$$

となる．同様にして HCO_3^- および CO_3^{2-} の存在割合 X_1 および X_0 として

$$X_1 = \frac{\beta_1[H^+]}{1+\beta_1[H^+]+\beta_2[H^+]^2} \tag{2.45}$$

$$X_0 = \frac{1}{1+\beta_1[H^+]+\beta_2[H^+]^2} \tag{2.46}$$

を得る．式(2.44)～式(2.46)を用いて描いた X_2, X_1 および X_0～pH の関係を図 2.4 に示す．

X_0 と X_1 の曲線の交点では $[CO_3^{2-}]=[HCO_3^-]$ であるから

$$\frac{[HCO_3^-]}{[CO_3^{2-}]} = \beta_1[H^+] = 1 \tag{2.47}$$

となり，交点のpHは $\log \beta_1$ に等しい．言い換えれば，$\log \beta_1$ に等しいpHで

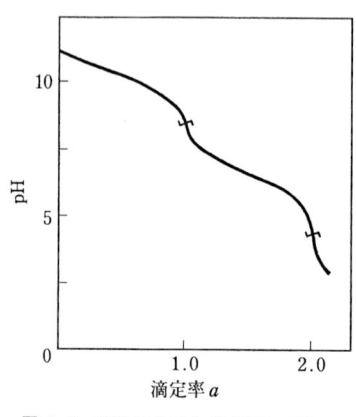

図 2.3 HClによる0.01 M Na_2CO_3 の滴定曲線

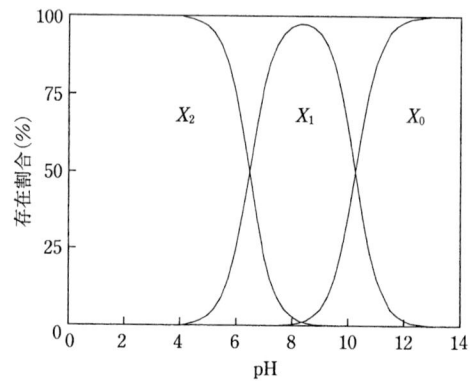

図 2.4 炭酸の各化学種の存在割合のpH変化
X_0, X_1 および X_2 は，それぞれ CO_3^{2-}，HCO_3^- および H_2CO_3 の存在割合

は CO_3^{2-} と HCO_3^- とが50％ずつ存在する．pH 11.25 では

$$\frac{[HCO_3^-]}{[CO_3^{2-}]} = 10^{10.25} \times 10^{-11.25} = 10^{-1} \tag{2.48}$$

となる．すなわち，pH が $\log \beta_1$ より1単位高くなると CO_3^{2-} の存在割合は91％へと増加し，一方 HCO_3^- の存在割合は9％に減少する．

2.4.2 酸塩基指示薬による終点決定

前述のように中和滴定では当量点での pH ジャンプが終点決定に利用される．pH ジャンプの位置は，pH メータによる pH 測定で決めることもできるが，適切な酸塩基指示薬の変色により決定される場合が多い．

酸塩基指示薬は酸あるいは塩基の性質をもち，その共役酸塩基対が異なった色を示す色素である．酸性色とアルカリ性色間の色調の変化が肉眼で識別可能な pH 範囲を指示薬の変色域という．主な単一指示薬について変色の様子を表2.1の上段に示す．指示薬を用いて正しい終点を知るためには，指示薬の変色域の pH が当量点での pH ジャンプの範囲内にあることが必要になる．

たとえば実験2.2で，0.05 M の HCl を 0.05 M の NaOH で滴定するのに±0.1％の正確さが必要なら，$a=0.999 \sim 1.001$ に変色域をもつ指示薬を選ぶ必要がある．式 (2.37′) に $C_A = 0.05$ M を代入して $a=0.999$ と 1.001 の pH を求めると 4.3 と 9.7 となるので，この pH 範囲に変色域をもつ指示薬を選べば

表2.1 主な酸塩基指示薬

名称	変色域(pH)	酸性色	塩基性色
単一指示薬			
ブロモフェノールブルー	3.0～4.6	黄	青紫
メチルオレンジ	3.1～4.4	赤	橙黄
アリザリンレッド S	3.7～5.2	黄	橙赤
ブロモクレゾールグリーン	3.8～5.4	黄	青
メチルレッド	4.2～6.2	赤	黄
ブロモチモールブルー	6.0～7.6	黄	青
フェノールフタレイン	7.8～10.0	無色	紅
チモールブルー	8.0～9.6	黄	青
チモールフタレイン	8.6～10.3	無色	青
混合指示薬			
ブロモクレゾールグリーン-メチルレッド	5.0(赤紫)	紅	緑
メチルレッド-メチレンブルー	5.4(灰青)	赤紫	緑
ニュートラルレッド-ブロモチモールブルー	7.1(淡紅)	紅	緑青

調整方法，保存方法については JIS 8001 を参照．

よい．この条件にほぼ合致する単一指示薬は，メチルレッド，ブロモチモールブルー，フェノールフタレインとチモールブルーとなる．

次に実験 2.4 の場合のように，同じ正確さで 0.05 M の酢酸を 0.05 M の水酸化ナトリウムで滴定する場合を考える．式(2.36)に $pK_a=4.74$，$C_A=0.05$ M を代入して $a=0.999$ と 1.001 の pH を求めると 7.7 と 9.7 となるので，この pH 範囲に変色域をもつ指示薬を選べばよい．この条件にほぼ合致する単一指示薬はチモールブルーとフェノールフタレインである．これらの例が示すように，当量点での pH ジャンプが大きいほど使用できる指示薬の種類が多い．

当量点での pH ジャンプが大きくない場合には，混合指示薬が用いられる．混合指示薬とは，当量点の pH で互いに補色となるような色を示す2種類の酸塩基指示薬を混合した指示薬である（メチレンブルーのように一方が酸塩基指示薬でない場合もある）．主な混合指示薬について変色の様子を表 2.1 の下段に示す．単一指示薬が 1.5～2 pH 単位の範囲で変色するのに対して，混合指示薬の変色には pH の幅がほとんどない．そのため，当量点の pH に近い変色 pH をもつ混合指示薬を用いると，当量点での pH ジャンプが大きくない場合でも，比較的正確な滴定を行うことができる．たとえば，実験 2.3 ではメチルオレンジを指示薬として用い，図 2.3 の $a=2$ のジャンプを終点決定に用い，炭酸塩を滴定する．メチルオレンジの変色域は pH 3.1～4.4 であるので，式(2.42)に $\log \beta_1=10.25$，$\log \beta_2=16.71$，$C_B=0.005$ M を代入してこの変色域の a を求めると 2.016～1.992 となり，最大 0.8% の理論滴定誤差が生じる．ところが指示薬としてメチルオレンジとキシレンシアノール FF の混合指示薬を用いると，この指示薬の変色 pH は 3.8 であるから，pH 3.8 での a を求めると 2.002 となり，理論滴定誤差を 0.1% にまで下げることができる．

2.5 pH 緩衝液

pH 緩衝液とは，酸あるいは塩基を加えたとき，その溶液の pH 値をできるだけ変えないように作用する溶液である．一定の pH で反応を行う場合や，溶液の pH を所定の値に調節する場合に利用される．

溶液の緩衝能は $|\partial C_A/\partial pH|$ あるいは $|\partial C_B/\partial pH|$ で表わされ，このような微係数を緩衝指数（buffer index：B.I.）と呼ぶ．$a=C_A/C_B$ あるいは $a=C_B/C_A$ を用いると B.I. と滴定率 a との関係を

$$\text{B.I.} = \left|\frac{\partial a}{\partial \text{pH}}\right| C_\text{B} \quad \text{あるいは} \quad \left|\frac{\partial a}{\partial \text{pH}}\right| C_\text{A} \tag{2.49}$$

で表わすことができる．

分析化学でしばしば用いられるpH緩衝液には，酢酸-酢酸ナトリウム緩衝液（pH 4～6），リン酸二水素カリウム-リン酸水素二ナトリウム緩衝液（pH 6～8），アンモニア-塩化アンモニウム緩衝液（pH 8～10）などがある．このうちで，酢酸-酢酸ナトリウム緩衝液を例に取り上げる．

酢酸-酢酸ナトリウム緩衝液は酢酸の一部を水酸化ナトリウムで中和した溶液に相当する．濃度 C_B の水酸化ナトリウムによる濃度 C_A の酢酸の滴定曲線は式(2.36)で与えられるが，$0.1 \leqq a(=C_\text{B}/C_\text{A}) \leqq 0.9$ ではこの式は

$$a = \frac{K_\text{a}}{K_\text{a} + [\text{H}^+]} \tag{2.50}$$

と近似できる．したがって，式(2.50)を用いて酢酸-酢酸ナトリウム緩衝液のB.I.を求めると

$$\text{B.I.} = \left|\frac{\partial a}{\partial \text{pH}}\right| C_\text{A} = \frac{2.3[\text{H}^+]C_\text{A}K_\text{a}}{(K_\text{a}+[\text{H}^+])^2} \tag{2.51}$$

を得る．さらに

$$\left|\frac{\partial \text{B.I.}}{\partial \text{pH}}\right| = \frac{2.3\,C_\text{A}K_\text{a}(K_\text{a}-[\text{H}^+])}{(K_\text{a}+[\text{H}^+])^3} \tag{2.52}$$

であるから，$K_\text{a}=[\text{H}^+]$ すなわち緩衝液のpHが酢酸の pK_a に等しくなる点でB.I.は極大となる．この点は $a=C_\text{B}/C_\text{A}=0.5$ の点に相当する．すなわち，酢酸のちょうど半分が水酸化ナトリウムにより中和された点，言い換えれば酢酸と酢酸ナトリムの等モル混合溶液でB.I.は極大値 $0.58\,C_\text{A}$ をとることになる．

2.6　中和滴定に関する実験

■ 実験2.1　0.05 M 塩酸の調製と標定

図2.3に示すように炭酸ナトリウムの滴定曲線では $a=1$ と2にpHジャンプを示す．$a=2$ のジャンプの方が若干大きいが，正確に終点を決定するには十分ではない．そこで，$a=2$ の終点直前で被滴定液を煮沸して CO_2 を追い出し，大きなpHジャンプを得る．

【試薬】

① 0.025 M 炭酸ナトリウム標準溶液：容量分析用標準物質の炭酸ナトリウムの必要量を白金るつぼに入れ，600 °C で約 60 分間加熱した後，デシケーターに入れて放冷する．その 2.6～2.7 g を 0.1 mg の桁まではかり取って水に溶解した後，メスフラスコで 1 dm^3 にする．

② 0.05 M 塩酸：市販の濃塩酸 4.5 cm^3 に水を加えて 1 dm^3 とし，混合した後，試薬びんに入れて保存する．

③ 混合指示薬溶液：ブロモクレゾールグリーン 0.15 g とメチルレッド 0.10 g とを 95 % エタノール 200 cm^3 に溶かした後，褐色ガラスびんに入れて保存する．

【操作】

炭酸ナトリウム溶液 20 cm^3 をホールピペットでコニカルビーカーに取り，水約 30 cm^3 と混合指示薬溶液数滴を加えて塩酸で滴定する．溶液が灰色に変色したら，滴定を中止して一度煮沸し，遊離した二酸化炭素を追い出す．冷却後，引き続き滴定を行う．終点は，煮沸しても溶液の色が緑色に戻らない点とする．

【計算】

塩酸の濃度 C_{HCl} は

$$C_{HCl} = \frac{w_{Na_2CO_3}}{2.6497} \times \frac{20}{V_{HCl}}$$

から計算する．ここで，$w_{Na_2CO_3}$ ははかり取った炭酸ナトリウムの質量(g)，V_{HCl} は滴定に要した塩酸の体積（cm^3）である．

■ 実験 2.2　0.05 M 水酸化ナトリウム溶液の調製と標定

市販の水酸化ナトリウムは多少の炭酸ナトリウムを含むが，濃水酸化ナトリウム溶液への炭酸ナトリウムの溶解度が低いことを利用して水酸化ナトリウム溶液から炭酸ナトリウムを分離する．この水酸化ナトリウム溶液を二酸化炭素を含まない水で希釈し，実験 2.1 で準備した塩酸で標定する．

【試薬】

① 0.05 M 水酸化ナトリウム溶液：市販の水酸化ナトリウム 165 g を 500 cm^3 のポリエチレンびん

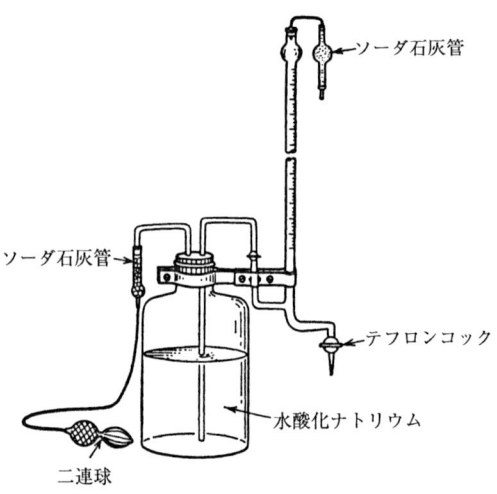

図 2.5　水酸化ナトリウム貯蔵びん

にはかり取り，二酸化炭素を含まない水 150 cm³ を加えて溶かした後，密栓して 4～5 日間放置する．その上澄み液の 2.7 cm³ に二酸化炭素を含まない水を加えて 1 dm³ とし，混合した後，図 2.5 に示したような耐アルカリの貯蔵びんに貯える．

② 二酸化炭素を含まない水：あらかじめ水蒸気洗浄によってアルカリ分を溶かし出した大型の丸底フラスコに蒸留水を入れ，約 15 分間沸騰を続けて二酸化炭素を十分に追い出した後，ソーダ石灰管をつけた栓をして放冷する．この水は使用時に用意する．

【操作】

実験 2.1 で標定した塩酸 20 cm³ をホールピペットでコニカルビーカーに取り，実験 2.1 で用いた混合指示薬溶液数滴を加え，水酸化ナトリウム溶液で滴定する．終点は，液の色が赤から灰色になる点とする．

【計算】

水酸化ナトリウム溶液の濃度 C_{NaOH} は

$$C_{NaOH} = C_{HCl} \times \frac{20}{V_{NaOH}}$$

から計算する．ここで，C_{HCl} は塩酸の濃度，V_{NaOH} は滴定に要した水酸化ナトリウム溶液の体積（cm³）である．

■ 実験 2.3 水酸化ナトリウム中の炭酸ナトリウムの定量

市販の水酸化ナトリウムは空気中の二酸化炭素を吸収して一部炭酸ナトリウムとなっている．この市販の水酸化ナトリウムを溶液にして，一部についてメチルオレンジを指示薬として塩酸で滴定する．この滴定では

$$NaOH + HCl \longrightarrow NaCl + H_2O$$
$$Na_2CO_3 + 2\,HCl \longrightarrow 2\,NaCl + CO_2 + H_2O$$

の反応により全アルカリが定量される．次に，別の一部に塩化バリウム溶液を加えて，炭酸ナトリウムを炭酸バリウムとして沈殿させ，水酸化ナトリウムだけを塩酸で滴定する．この滴定法はウィンクラー法と呼ばれている．

【試薬】

① 試料溶液：0.1 mg の桁まではかり取った市販の水酸化ナトリウム約 1 g を素早く二酸化炭素を含まない水に溶かした後，メスフラスコで 500 cm³ にする．

② 塩化バリウム溶液：塩化バリウム 120 g を二酸化炭素を含まない水に溶かして 1 dm³ にする．

③ 二酸化炭素を含まない水：実験 2.2 を参照．

④ メチルオレンジ指示薬溶液：メチルオレンジ 0.1 g を水 100 cm³ に溶かした後，褐色ガラスびんに入れて保存する．

【操作】

試料溶液 20 cm³ をホールピペットでコニカルビーカーに取り，メチルオレンジ指示薬溶液数滴を加え，実験 2.1 で標定した塩酸で滴定して全アルカリを定量する．終点は，液の色が黄から橙赤色になる点とする．

試料溶液 20 cm³ をホールピペットで別のコニカルビーカーに取り，塩化バリウム溶液 1 cm³ を加え，よくかき混ぜてから密栓をして炭酸バリウムを沈殿させる．実験 2.1 で用いた混合指示薬溶液数滴を加え，同じ塩酸で滴定して水酸化ナトリウムを定量する．終点は，液の色が赤から灰色になる点とする．

【計算】

全アルカリの滴定値を V_a(cm³)，水酸化ナトリウムの滴定値を V_b(cm³) とすると，試料溶液 20 cm³ 中の炭酸ナトリウムの質量は

$$\frac{106.0}{2} \times (V_a - V_b) \times C_{HCl} \text{(mg)}$$

試料溶液 20 cm³ 中の水酸化ナトリウムの質量は

$$40.00 \times V_b \times C_{HCl} \text{(mg)}$$

となる．

■ 実験 2.4 食酢中の酢酸の定量

pK_a が 4.74 の弱一プロトン酸である酢酸を実験 2.2 で準備した強一プロトン塩基である水酸化ナトリウム溶液で滴定する．

【試薬】

① 試料溶液：食酢約 5 cm³ を秤量びんに取り，密栓して 0.1 mg の桁まではかり取る．これをメスフラスコで 100 cm³ に希釈する．

② フェノールフタレイン指示薬溶液：フェノールフタレイン 1.0 g を 95％ エタノール 90 cm³ に溶かした後，水で全容を 100 cm³ にする．

【操作】

試料溶液 10 cm³ をホールピペットでコニカルビーカーに取り，フェノールフタレイン指示薬溶液数滴を加え，実験 2.2 で標定した水酸化ナトリウム溶液で滴定する．終点は，液の淡い赤色が 30 秒間退色しない点とする．

【計算】

滴定値を V_{NaOH}(cm³) とすると，食酢中の酢酸の濃度 C_{CH_3COOH} は

$$C_{CH_3COOH} = C_{NaOH} \times V_{NaOH} \times 2$$

となる．

3章

錯形成平衡とキレート滴定

水溶液中での錯形成反応を化学分析に利用したものがキレート滴定である．キレート滴定では，アミノポリカルボン酸などのキレート試薬溶液で試料溶液を滴定することによって，金属イオンが定量される．この滴定に利用される錯形成反応は，試料溶液のpH，共存する他の金属イオン，補助錯化剤やマスキング剤などとして加える配位子などの影響を受ける，比較的複雑な反応である．本章では，錯形成反応に関与する化学種の量的関係を明らかにするための考え方や方法を学び，それらがキレート滴定の原理や分析操作などにどのように応用されるかを理解する．

3.1 錯形成反応と金属錯体

金属イオン M と配位子 L とから金属錯体 ML を生成する反応は，イオンの電荷を省略すると

$$M + L \rightleftharpoons ML \tag{3.1}$$

で表わされる．この反応では，金属イオンは配位子から非共有電子対を受け取って錯体を生成する．したがって，金属イオンは電子対受容体すなわちルイス酸であり，配位子は電子対供与体すなわちルイス塩基である(2.1.2項参照)．

錯形成反応は式(3.1)のように簡略化して表わされるが，水溶液中ではプロトンが H^+ としてではなく，H_3O^+ のように水和された状態で存在しているのと同様に，金属イオンは水分子の酸素原子上の非共有電子対を受け取って，$M(H_2O)_x$ という水和金属イオンとして存在する．x の数(水和数)は金属イオンによって異なるが，一般には 4, 6 あるいは 8 といった値をとる．

配位子を構成する原子団の中で金属イオンに供与できる非共有電子対を有する原子を供与原子という．供与原子となりうる代表的な元素には，17族のF，Cl，Br，I，16族のO，S，15族のN，Pなどがある．供与原子を一つしかもたない配位子を単座配位子，複数の供与原子をもつ配位子を多座配位子という．単座配位子にはF^-，Cl^-，Br^-，I^-などのような単原子イオン，CN^-，SCN^-，OH^-などのような多原子イオン，NH_3，H_2Oなどのような多原子分子がある．多座配位子はアミノ基($-NH_2$)やプロトン解離したカルボキシル基($-COO^-$)のような供与原子を含む基（これを配位官能基という）が炭素骨格で複数結びつけられたものである．

ニッケル(II)イオンの水和数が6であることを考慮して，ニッケル(II)イオンと単座配位子であるアンモニアとの錯形成反応を書くと

$$Ni(H_2O)_6^{2+} + NH_3 \rightleftharpoons Ni(NH_3)(H_2O)_5^{2+} + H_2O \quad (3.2)$$

となる．式(3.2)は，錯形成反応が金属イオンの水和水分子を配位子で置換する反応であることを示している．

ニッケル(II)イオンの溶液に2座配位子であるエチレンジアミン(enと略記する)を加えると

$$Ni(H_2O)_6^{2+} + en \rightleftharpoons Ni(en)(H_2O)_4^{2+} + 2H_2O \quad (3.3)$$

の反応により，キレート構造と呼ばれる環状構造を有する錯体が生成する．このような錯体を金属キレート，金属キレートを生成する多座配位子をキレート化剤あるいはキレート試薬と呼ぶ．このキレート環には五つの原子(Ni，N，C，C，N)が含まれる．このようなキレート環を5員環キレートという．

3.1.1 生成定数

式(3.2)の反応は，普通は金属イオンおよび金属錯体の水和水分子を省略して

$$Ni^{2+} + NH_3 \rightleftharpoons Ni(NH_3)^{2+} \quad (3.4)$$

のように表わす．この反応の平衡定数を

$$K_1 = \frac{[Ni(NH_3)^{2+}]}{[Ni^{2+}][NH_3]} \quad (3.5)$$

で表わし，このK_1を$Ni(NH_3)^{2+}$の生成定数あるいは安定度定数と呼ぶ．アンモニアをさらに加えてゆくと，次に示す反応で1:2錯体$Ni(NH_3)_2^{2+}$，1:3錯体$Ni(NH_3)_3^{2+}$などの高次錯体が順次生成し，最終的にはニッケル(II)イオンに結合していた六つの水和水分子がすべてアンモニアで置き換わった1:6錯

体 $Ni(NH_3)_6^{2+}$ が生成する．

$$Ni(NH_3)^{2+} + NH_3 \rightleftharpoons Ni(NH_3)_2^{2+}$$
$$Ni(NH_3)_2^{2+} + NH_3 \rightleftharpoons Ni(NH_3)_3^{2+}$$
$$\vdots$$
$$Ni(NH_3)_5^{2+} + NH_3 \rightleftharpoons Ni(NH_3)_6^{2+} \tag{3.6}$$

これらの反応に対する $K_2 = [Ni(NH_3)_2^{2+}]/([Ni(NH_3)^{2+}][NH_3])$, $K_3 = [Ni(NH_3)_3^{2+}]/([Ni(NH_3)_2^{2+}][NH_3])$, $\cdots$, $K_6 = [Ni(NH_3)_6^{2+}]/([Ni(NH_3)_5^{2+}][NH_3])$ のような生成定数を逐次生成定数という．

$Ni(NH_3)_6^{2+}$ の生成反応は

$$Ni^{2+} + 6NH_3 \rightleftharpoons Ni(NH_3)_6^{2+} \tag{3.7}$$

のように表わすこともできる．この反応に対する平衡定数を

$$\beta_6 = \frac{[Ni(NH_3)_6^{2+}]}{[Ni^{2+}][NH_3]^6} \tag{3.8}$$

で表わし，$Ni(NH_3)_6^{2+}$ の全生成定数という．全生成定数と逐次生成定数との間には

$$\beta_6 = K_1 \times K_2 \times \cdots \times K_6 \tag{3.9}$$

の関係がある．

3.1.2 生成定数の大きさ

錯形成反応を利用して金属イオンを定量する場合，共存物質からの妨害を避けることを重視すれば，定量目的金属イオンとできるだけ選択的に反応する配位子を用いる必要があるし，定量限界を下げることを重視すれば，定量目的金属イオンとできるだけ安定な錯体を生成する配位子を用いる必要がある．前者については HSAB 則が，後者については配位子のキレート効果が重要な因子となる．

a. HSAB 則

17族のハロゲン化物イオンとの錯体を調べてみると，Zr^{4+} や Th^{4+} のような金属イオンとの生成定数の大きさの順は $F^- \gg Cl^- > Br^- > I^-$ となり，ハロゲン化物イオンのブレンステッド塩基性の強さの順と一致するが，Ag^+ や Hg^{2+} のような金属イオンとの生成定数の大きさは $F^- \ll Cl^- < Br^- < I^-$ となり，前者の金属イオンとはまったく逆の順序を示す．同じような傾向は15族や16族元素を供与原子とする配位子についてもみられる．すなわち，金属イオンには15族，16族，17族の第2周期元素（N, O, F）を供与原子とする配位子とより安

定な錯体を生成するグループと，第2周期以降の元素（P, S, I など）を供与原子とする配位子とより安定な錯体を生成するグループとがある．

N, O, F の価電子は原子核に強く結びつけられているということを考慮して，これらを供与原子とする配位子を硬い塩基と呼ぶ．一方，P, S, I の価電子は原子核に強くは結びつけられていないということを考慮して，これらを供与原子とする配位子を軟らかい塩基と呼ぶ．「硬い塩基（配位子）は硬い酸（金属イオン）と安定な錯体を生成し，軟らかい塩基は軟らかい酸と安定な錯体を生成する」という HSAB (hard and soft acids and bases：硬い酸・塩基と軟らかい酸・塩基) 則を用いることにより，ルイス酸である金属イオンにも硬さ・軟らかさを考えることができる．表 3.1 に代表的な塩基の分類を，表 3.2 に代表的な酸の分類を示す．

表 3.1 塩基の分類

硬い塩基	H_2O, OH^-, F^-, CH_3COO^-, PO_4^{3-}, SO_4^{2-}, Cl^-, CO_3^{2-}, ClO_4^-, NO_3^-, NH_3
軟らかい塩基	I^-, SCN^-, $S_2O_3^{2-}$, CN^-
中間に属する塩基	$C_6H_5NH_2$, C_6H_5N, N_3^-, Br^-, NO_2^-, SO_3^{2-}

表 3.2 酸の分類

硬い酸	H^+, アルカリ金属イオン, アルカリ土類金属イオン, Mn^{2+}, Al^{3+}, Sc^{3+}, Ga^{3+}, In^{3+}, ランタニドイオン, Cr^{3+}, Co^{3+}, Fe^{3+}, Ce^{3+}, As(III), Si(IV), Ti^{4+}, Zr^{4+}, Hf^{4+}, Th^{4+}, U^{4+}, Sn^{4+}, VO^{2+}, UO_2^{2+}, Mo(VI), W(VI), Cr(VI)
軟らかい酸	Cu^+, Ag^+, Au^+, Tl^+, Hg^+, Pd^{2+}, Cd^{2+}, Pt^{2+}, Hg^{2+}, CH_3Hg^+, Pt^{4+}, Tl^{3+}
中間に属する酸	Fe^{2+}, Co^{2+}, Ni^{2+}, Cu^{2+}, Zn^{2+}, Pb^{2+}, Sn^{2+}, Sb^{3+}, Bi^{3+}, Rh^{3+}, Ir^{3+}, Ru^{2+}, Os^{2+}

これらの分類と HSAB 則とから，錯形成反応が定性的に予測・説明できる場合がある．たとえば Ag^+ と Ca^{2+} とを含む溶液に F^- を加えると，Ca^{2+} は CaF_2 の沈殿を生成するが，Ag^+ はほとんど反応しない．一方，同じ溶液に I^- を加えると，Ag^+ は AgI の沈殿を生成するが，Ca^{2+} はほとんど反応しない．これは次のように考えられる．硬い配位子である F^- は硬い金属イオンである Ca^{2+} とは安定な錯体 CaF_2 を生成して沈殿するが，軟らかい金属イオンである Ag^+ とはほとんど反応しない．逆に軟らかい配位子である I^- は軟らかい金属イオンである Ag^+ とは安定な錯体 AgI を生成して沈殿するが，硬い金属イオンである Ca^{2+} とはほとんど反応しない．硫化水素法による陽イオンの系統分離は HSAB 則に基づいて考えられるし，3.3.4 項で述べるマスキング剤の選択にも

HSABの考えは有用である．

b. キレート効果

表3.3のニッケル(II)錯体について，生成定数の大きさに及ぼすキレート環生成の効果(キレート効果)を考える．たとえば，2座配位子であるグリシネートイオンの配位官能基に対応する単座配位子はアンモニアと酢酸イオンであるから，グリシナト錯体の生成定数からモノアンミン錯体およびモノアセタト錯体の生成定数を差し引いた $\Delta \log K_{NIL}$ として $5.8-(2.8+0.7)=2.3$ を得る．すなわち，この場合には，キレート環が一つ形成されることにより生成定数が対数値で2.3大きくなる．他の多座配位子についても同様な比較を行い，結果を表3.3に示した．

表3.3の $\Delta \log K_{NIL}$ 値から，5員環キレートが一つ形成されると，生成定数が対数値で約2大きくなることがわかる．α-アラニナト錯体の $\Delta \log K_{NIL}$ 値の方が β-アラニナト錯体の $\Delta \log K_{NIL}$ 値より大きいことは，5員環キレートの方が6員環キレートよりキレート効果が大きいことを示している．

式(3.2)に示したように，ニッケル(II)イオンは6個までの供与原子を受け入れることができるので，五つの5員環キレートをもつ錯体を生成することのできる6座配位子であるEDTAが，表3.3の中では最も生成定数の大きいニッケル(II)錯体を生成する配位子であり，キレート滴定の優れた試薬であることがわかる．

表 3.3 ニッケル(II)錯体の生成定数(25°C)

配位子	キレート環の数	$\log K_{NIL}$	$\Delta \log K_{NIL}$
アンモニア	0	2.8	—
酢酸	0	0.7	—
エチレンジアミン	1 (5員環)	7.4	1.8
グリシン	1 (5員環)	5.8	2.3
α-アラニン	1 (5員環)	5.4	1.9
β-アラニン	1 (6員環)	4.6	1.1
IDA	2 (5員環)	8.1	3.9
NTA	3 (5員環)	11.5	6.6
EDTA	5 (5員環)	18.5	10.1

エチレンジアミン：$NH_2-CH_2CH_2-NH_2$, IDA：$NH(CH_2COOH)_2$, グリシン：NH_2-CH_2-COOH, NTA：$N(CH_2COOH)_3$, α-アラニン：$NH_2-CH_2(CH_3)-COOH$, EDTA：$(HOOCCH_2)_2N-CH_2CH_2-N(CH_2COOH)_2$, β-アラニン：$NH_2-CH_2-CH_2COOH$

3.2 錯形成平衡の定量的取り扱い

前述したように,配位子は少なくとも一つの非共有電子対をもつイオンあるいは分子である.これらの配位子はルイス塩基として金属イオンと錯形成するが,ほとんどの場合にブレンステッド塩基としての塩基性ももっている.したがって,錯形成反応は配位子のプロトン付加平衡による影響を受ける.また,金属イオンについても主反応の配位子以外のルイス塩基との錯形成を考慮しなければならない場合がある.たとえば pH 緩衝剤,定量目的金属イオンの加水分解を防ぐ補助錯化剤あるいは妨害金属イオンに対するマスキング剤などとの錯形成反応である.

本節では,EDTA の標定(実験3.1)に用いられる亜鉛(II)イオンと EDTA (H_4Y と表わす)との錯形成反応

$$Zn^{2+} + Y^{4-} \rightleftharpoons ZnY^{2-} \qquad (3.10)$$

を主反応として取り上げ,その生成定数 $K_{ZnY} = [ZnY^{2-}]/([Zn^{2+}][Y^{4-}])$ が,pH やアンモニア緩衝液によってどのような影響を受けるのかを考える.

3.2.1 配位子の副反応

亜鉛イオンと結合していない EDTA は,図3.1に示すように,溶液の pH に応じて Y^{4-}, HY^{3-}, H_2Y^{2-}, H_3Y^-, H_4Y, H_5Y^+ として存在している.したがって,Y^{4-} へのプロトン付加反応が EDTA の副反応となる.

このとき,亜鉛イオンと結合していない EDTA の全濃度 $[Y']$ は

$$[Y'] = [Y^{4-}] + [HY^{3-}] + \cdots\cdots + [H_5Y^+] \qquad (3.11)$$

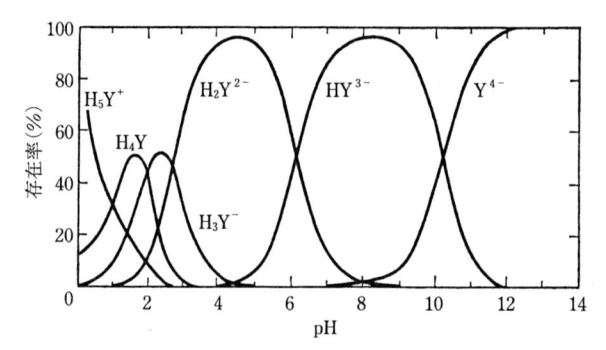

図 3.1 EDTA の各化学種の存在率と pH の関係

となる．Y^{4-} への全プロトン付加定数 $\beta_p = [H_pY^{p-4}]/([H^+]^p[Y^{4-}])$ を用いると

$$[Y'] = [Y^{4-}] + \sum_{p=1}^{5} \beta_p [H^+]^p [Y^{4-}]$$
$$= [Y^{4-}](1 + \sum_{p=1}^{5} \beta_p [H^+]^p) \quad (3.12)$$
$$= [Y^{4-}] \alpha_{Y(H)}$$

を得る．このようにして定義される $\alpha_{Y(H)}$ はプロトン付加を考慮した EDTA の副反応係数と呼ばれ，溶液の pH が決まれば一定の値になる．

3.2.2 金属イオンの副反応

アンモニア緩衝液中では，EDTA と結合していない亜鉛(II)イオンは Zn^{2+} 以外に $Zn(NH_3)_m^{2+}$ ($m=1\sim 4$) および $Zn(OH)_n^{2-n}$ ($n=1\sim 4$) として存在する．したがって，これらのアンミン錯体生成反応とヒドロキソ錯体生成反応が，亜鉛(II)イオンの副反応となる．

このとき，EDTA と結合していない亜鉛(II)イオンの全濃度 $[Zn']$ は

$$[Zn'] = [Zn^{2+}] + \sum_{m=1}^{4}[Zn(NH_3)_m^{2+}] + \sum_{n=1}^{4}[Zn(OH)_n^{(2-n)+}] \quad (3.13)$$

となる．$Zn(NH_3)_m^{2+}$ の全生成定数 $\beta_m = [Zn(NH_3)_m^{2+}]/([Zn^{2+}][NH_3]^m)$ と $Zn(OH)_n^{(2-n)+}$ の全生成定数 $\beta_n = [Zn(OH)_n^{(2-n)+}]/([Zn^{2+}][OH^-]^n)$ とを用いると

$$[Zn'] = [Zn^{2+}] + \sum_{m=1}^{4} \beta_m [Zn^{2+}][NH_3]^m + \sum_{n=1}^{4} \beta_n [Zn^{2+}][OH^-]^n$$
$$= [Zn^{2+}](1 + \sum_{m=1}^{4} \beta_m [NH_3]^m + \sum_{n=1}^{4} \beta_n [OH^-]^n) \quad (3.14)$$
$$= [Zn^{2+}] \alpha_{Zn(NH_3, OH)}$$

を得る．このようにして定義される $\alpha_{Zn(NH_3, OH)}$ はアンミン錯体とヒドロキソ錯体の生成を考慮した亜鉛(II)イオンの副反応係数と呼ばれ，溶液の pH と共存するアンモニアの濃度が決まれば一定の値になる．

3.2.3 金属錯体の副反応

亜鉛(II)-EDTA 錯体は ZnY^{2-} に加えて，低い pH ではプロトン錯体 $ZnHY^-$ として存在する．したがって，このプロトン錯体の生成反応が亜鉛(II)-EDTA 錯体の副反応となる．

このとき，亜鉛(II)-EDTA 錯体の全濃度 $[(ZnY)']$ は

$$[(ZnY)'] = [ZnY^{2-}] + [ZnHY^{-}] \tag{3.15}$$

となる．プロトン錯体の生成定数 $K_{ZnHY} = [ZnHY^{-}]/([ZnY^{2-}][H^{+}])$ を用いると

$$\begin{aligned}[(ZnY)'] &= [ZnY^{2-}](1 + K_{ZnHY}[H^{+}]) \\ &= [ZnY^{2-}]\alpha_{ZnY(H)}\end{aligned} \tag{3.16}$$

を得る．このようにして定義される $\alpha_{ZnY(H)}$ はプロトン錯体の生成を考慮した亜鉛(II)-EDTA 錯体の副反応係数と呼ばれ，溶液の pH が決まれば一定の値になる．

3.2.4 条件生成定数

以上のことを考慮して，EDTA と結合していない亜鉛(II)イオンを Zn′ で，亜鉛(II)と結合していない EDTA を Y′ で，亜鉛(II)-EDTA 錯体の全化学種を (ZnY)′ で表わすと，実際に起こる反応は

$$Zn' + Y' \rightleftharpoons (ZnY)' \tag{3.17}$$

で表わされ，この反応に対して

$$K_{Zn'Y'(ZnY)'} = \frac{[(ZnY)']}{[Zn'][Y']} \tag{3.18}$$

という平衡定数が定義される．

式(3.12)，式(3.14)と式(3.16)とを式(3.18)に代入すると

$$K_{Zn'Y'(ZnY)'} = \frac{K_{ZnY}\alpha_{ZnY(H)}}{\alpha_{Zn(NH_3,OH)}\alpha_{Y(H)}} \tag{3.19}$$

を得る．反応条件(この場合は，溶液の pH と共存するアンモニアの濃度)が決まれば，三つの副反応係数の値がすべて決まり，その結果この平衡定数の値も決まる．このような平衡定数を条件生成定数という．

式(3.12)，式(3.14)と式(3.16)に示したように，$\alpha_{Y(H)}$, $\alpha_{Zn(NH_3,OH)}$, $\alpha_{ZnY(H)}$ はいずれも 1 より大きい正の値であるから，亜鉛(II)イオンと EDTA の副反応は条件生成定数を小さくするが，亜鉛(II)-EDTA 錯体の副反応は条件生成定数を大きくするように働くことが式(3.19)からわかる．

付表 1 のアンモニウムの pK_a，付表 2 の亜鉛(II)-アンミン錯体の生成定数と亜鉛(II)-ヒドロキソ錯体の生成定数，表 3.4 の脚注の EDTA の Y^{4-} へのプロトン付加定数，表 3.4 の ZnY^{2-} と $ZnHY^{-}$ の生成定数を用いて，$C_{NH_3} = 0.25\,M$ (実験 3.1 の当量点でのアンモニア濃度)での副反応係数と $\log K_{Zn'Y'(ZnY)'}$ の値を計算した結果を表 3.5 に示す．$\alpha_{Zn(NH_3,OH)}$ がアンミン錯体またはヒドロキソ

錯体いずれの生成で決まるかを知るために，この表には$\alpha_{Zn(NH_3)}$と$\alpha_{Zn(OH)}$の値も示してある。$\alpha_{Zn(NH_3,OH)}$はpHが高くなるほど大きくなるが，$\alpha_{Y(H)}$と$\alpha_{ZnY(H)}$はpHが低くなるほど大きくなるので，条件生成定数はpH7付近で最大となる。

表 3.4 各種EDTA錯体の生成定数(20℃)

M^{n+}	log K			M^{n+}	log K		
	K_{MHY}	K_{MY}	$K_{MY(OH)}$		K_{MHY}	K_{MY}	$K_{MY(OH)}$
Na^+		1.7		Co^{2+}	3.0	16.3	
Li^+		2.8		Cd^{2+}	2.9	16.5	
Ag^+	6.0	7.3		Zn^{2+}	3.0	16.5	
Ba^{2+}	4.6	7.9		Pb^{2+}	2.8	18.0	
Sr^{2+}	3.9	8.7		Ni^{2+}	3.2	18.6	
Mg^{2+}	3.9	8.8		Cu^{2+}	3.0	18.8	2.5
Ca^{2+}	3.2	10.7		Hg^{2+}	3.1	21.7	4.9
Mn^{2+}	3.1	13.8		Th^{4+}	2.0	23.2	7.0
Fe^{2+}	2.7	14.3		In^{3+}	1.5	25.0	5.4
La^{3+}		15.5		Fe^{3+}	1.3	25.1	6.5
Al^{3+}	2.5	16.3	8.1	Bi^{3+}		27.8	

$K_{MHY}=[MHY^{n-3}]/([MY^{n-4}][H^+])$, $K_{MY}=[MY^{n-4}]/([M^{n+}][Y^{4-}])$,
$K_{MY(OH)}=[MY(OH)^{n-5}]/([MY^{n-4}][OH^-])$
Y^{4-}へのプロトン付加定数：$\log K_1=10.2$, $\log K_2=6.2$, $\log K_3=2.7$,
$\log K_4=2.0$, $\log K_5=1.0$

表 3.5 亜鉛(II)イオン，EDTAおよび亜鉛(II)-EDTA錯体の副反応係数と条件生成定数

pH	log α					log $K_{Zn'Y'(ZnY)'}$
	$Zn(NH_3)$	$Zn(OH)$	$Zn(NH_3,OH)$	$Y(H)$	$ZnY(H)$	
1	0.0	0.0	0.0	17.1	2.0	1.4
2	0.0	0.0	0.0	13.4	1.0	4.1
3	0.0	0.0	0.0	10.6	0.3	6.2
4	0.0	0.0	0.0	8.4	0.0	8.1
5	0.0	0.0	0.0	6.4	0.0	10.1
6	0.0	0.0	0.0	4.6	0.0	11.9
7	0.2	0.0	0.2	3.3	0.0	13.0
8	2.1	0.0	2.1	2.2	0.0	12.2
9	5.3	0.3	5.3	1.2	0.0	10.0
10	6.8	2.2	6.8	0.4	0.0	9.3
11	7.1	5.2	7.1	0.1	0.0	9.3
12	7.1	8.3	8.3	0.0	0.0	8.2
13	7.1	11.7	11.7	0.0	0.0	4.8
14	7.1	15.5	15.5	0.0	0.0	1.0

3.2.5 条件生成定数を用いる平衡計算

副反応を考慮する錯形成反応である式(3.17)について，亜鉛(II)イオンの全濃度を C_{Zn}，EDTA の全濃度を C_Y で表わし，これらに関する物質収支式を書くと

$$C_{Zn} = [Zn'] + [(ZnY)'] \tag{3.20}$$

$$C_Y = [Y'] + [(ZnY)'] \tag{3.21}$$

を得る．したがって，式(3.19)～式(3.21)より，[Zn']，[Y']，[(ZnY)']を求めることができる．このように，種々の副反応を考慮しなければならない系でも，条件生成定数を用いることによって，比較的簡単に平衡計算を行うことができる．

次に，$C_{Zn} = C_Y$，つまり亜鉛に対して等量の EDTA を加えたとき，この錯形成反応が定量的に(99.9％以上)進行するための $K_{Zn'Y'(ZnY)'}$ の大きさについて考える．この場合には

$$[Zn'] = [Y'] \leq 0.001\, C_{Zn} \tag{3.22}$$

$$[(ZnY)'] \geq 0.999\, C_{Zn} \tag{3.23}$$

となるので

$$\begin{aligned} K_{Zn'Y'(ZnY)'} &= \frac{[(ZnY)']}{[Zn'][Y']} \\ &\geq \frac{0.999\, C_{Zn}}{(0.001\, C_{Zn})^2} \fallingdotseq \frac{1 \times 10^6}{C_{Zn}} \end{aligned} \tag{3.24}$$

となる．たとえば，$C_{Zn} = 1 \times 10^{-2}$ M の亜鉛(II)イオンを±0.1％以内の正確さでキレート滴定する場合には，亜鉛(II)-EDTA 錯体の条件生成定数は 1×10^8 M^{-1} より大きくなければならないことになる．この条件を満たす pH は，表3.5によると 4～12 である．

3.3 キレート滴定

EDTA は五つの 5 員環キレートを形成する 6 座配位子として多くの金属イオンと水溶性の 1:1 錯体を生成する．代表的な金属イオンとの間で生成する錯体の生成定数を表3.4に示す．この表の生成定数の大きさから，アルカリ金属イオンと銀イオンを除くほとんどの金属イオンが EDTA により直接滴定できることが理解できる．第 2 章で取り上げた中和滴定では，当量点で大きな

pHジャンプが必要であったが，キレート滴定で金属イオンを正確に定量するためには，当量点で大きな pM′($=-\log[\mathrm{M}']$) あるいは pY′($=-\log[\mathrm{Y}']$)のジャンプが必要となる．

3.3.1 滴定曲線

中和滴定の滴定曲線では，滴定率に対して pH をプロットしたが，キレート滴定の滴定曲線では，滴定率に対して pM′ あるいは pY′ をプロットする．

a. 単一の金属イオンの滴定

3.2節で例に用いた，アンモニア緩衝液中での亜鉛(II)イオンと EDTA との錯形成反応（実験3.1）を再び例に用い，滴定の進行に伴う pZn′ の変化を考える．

3.2.5項で述べたように，亜鉛(II)イオンを±0.1%以内の正確さでEDTAでキレート滴定できる pH 範囲は4〜12であり，表3.5によるとこの pH 範囲では亜鉛(II)イオンと EDTA についてだけ副反応を考慮し，亜鉛(II)-EDTA錯体については副反応を考慮する必要がない．このとき

$$C_{\mathrm{Zn}} = [\mathrm{Zn}'] + [\mathrm{ZnY}^{2-}] \tag{3.25}$$

$$C_{\mathrm{Y}} = [\mathrm{Y}'] + [\mathrm{ZnY}^{2-}] \tag{3.26}$$

という物質収支式が得られ

$$K_{\mathrm{Zn'Y'}} = \frac{[\mathrm{ZnY}^{2-}]}{[\mathrm{Zn}'][\mathrm{Y}']} \tag{3.27}$$

という条件生成定数が定義される．

これらの式から

$$C_{\mathrm{Y}} = C_{\mathrm{Zn}} - [\mathrm{Zn}'] + [\mathrm{Y}'] \tag{3.28}$$

$$[\mathrm{Y}'] = \frac{C_{\mathrm{Zn}} - [\mathrm{Zn}']}{K_{\mathrm{Zn'Y'}}[\mathrm{Zn}']} \tag{3.29}$$

を得る．式(3.29)を式(3.28)に代入して整理すると

$$C_{\mathrm{Y}} = C_{\mathrm{Zn}} - [\mathrm{Zn}'] + \frac{C_{\mathrm{Zn}}}{K_{\mathrm{Zn'Y'}}[\mathrm{Zn}']} - \frac{1}{K_{\mathrm{Zn'Y'}}} \tag{3.30}$$

を得る．亜鉛(II)イオンを EDTA で滴定する場合の滴定率 a は，$a = C_{\mathrm{Y}}/C_{\mathrm{Zn}}$ で定義されるので

$$a = 1 - \frac{[\mathrm{Zn}']}{C_{\mathrm{Zn}}} + \frac{1}{K_{\mathrm{Zn'Y'}}[\mathrm{Zn}']} - \frac{1}{C_{\mathrm{Zn}} K_{\mathrm{Zn'Y'}}} \tag{3.31}$$

となる．$C_{\mathrm{Y}} = C_{\mathrm{Zn}}$ すなわち当量点で定量的に錯形成するためには，3.2.5項に

示したように，$C_{Zn}K_{Zn'Y'} > 1 \times 10^6$ でなければならないので，式(3.31) は

$$a \fallingdotseq 1 - \frac{[Zn']}{C_{Zn}} + \frac{1}{K_{Zn'Y'}[Zn']} \quad (3.32)$$

となる．この式により pZn'〜a 曲線を描くことができ，滴定の進行に伴う[Zn']の変化を知ることができる．図3.2 に $C_{Zn} = 10^{-2}$ M，pH 10 での滴定曲線を示す．この図から，$a = 1$ では [Zn'] が急激に減少するとともに，[Y'] が急激に増加していることがわかる．

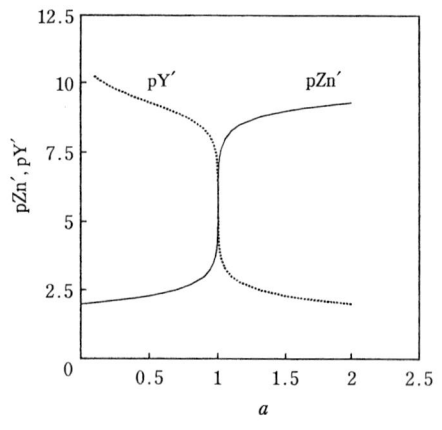

図 3.2 EDTA による Zn^{2+} の滴定曲線
$C_{Zn} = 10^{-2}$ M，pH 10

b. 金属イオンの混合物の滴定

pH 10 のアンモニア緩衝液中での EDTA によるカルシウム(II)イオンとマグネシウム(II)イオンの合量の滴定（実験3.2）を例に用い，滴定の進行に伴う pY' の変化を考える．

この滴定条件では EDTA についてだけ副反応を考慮し，アルカリ土類金属イオンとアルカリ土類金属-EDTA 錯体については副反応を考慮する必要がない．したがって，カルシウム(II)あるいはマグネシウム(II)イオンを M^{2+} で表わすと，滴定反応は

$$M^{2+} + Y' \rightleftharpoons MY^{2-} \quad (3.33)$$

で表わされ，アルカリ土類金属イオンについて

$$C_M = [M^{2+}] + [MY^{2-}] \quad (3.34)$$

という物質収支式が得られ

$$K_{MY'} = \frac{[MY^{2-}]}{[M^{2+}][Y']} \quad (3.35)$$

という条件生成定数が定義される．

式(3.34)と式(3.35)より，カルシウム(II)とマグネシウム(II)それぞれについて

$$[CaY^{2-}] = \frac{C_{Ca}K_{CaY'}[Y']}{1 + K_{CaY'}[Y']} \quad (3.36)$$

を得る．EDTA の全濃度 C_Y は

$$[MgY^{2-}] = \frac{C_{Mg}K_{MgY'}[Y']}{1+K_{MgY'}[Y']} \tag{3.37}$$

$$C_Y = [Y'] + [CaY^{2-}] + [MgY^{2-}] \tag{3.38}$$

で与えられるので，式(3.36)と式(3.37)を式(3.38)に代入し，両辺を C_{Ca} で割ると

$$a = \frac{C_Y}{C_{Ca}} = \frac{[Y']}{C_{Ca}} + \frac{K_{CaY'}[Y']}{1+K_{CaY'}[Y']} + \frac{C_{Mg}K_{MgY'}[Y']}{C_{Ca}(1+K_{MgY'}[Y'])} \tag{3.39}$$

を得る．この式により $C_{Ca}=C_{Mg}=10^{-2}$ M，pH10 で pY'$(=-\log[Y'])$，pCa および pMg～a 曲線を描いた結果を図3.3に示す．この図から，$a=2$ において pY'，pCa および pMg の急激な変化がみられることがわかる．

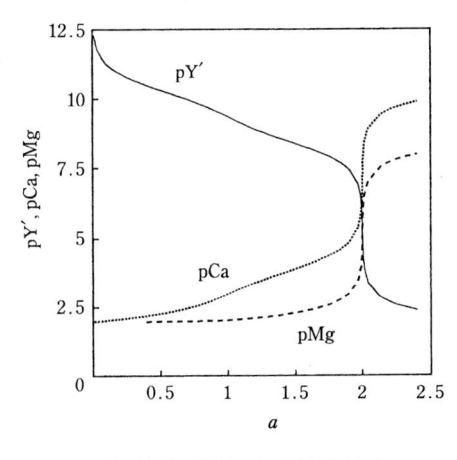

図 3.3 Ca^{2+} と Mg^{2+} の混合溶液の滴定曲線 $C_{Ca}=C_{Mg}=10^{-2}$ M，pH 10

3.3.2 金属指示薬による終点決定

キレート滴定では，当量点での pM'(あるいは pY')ジャンプが終点決定に利用される．終点決定には電位差測定法などが用いられる場合もあるが，指示薬の変色を利用する目視法が最も簡便で広く用いられている．金属イオンと反応してキレート錯体を生成する際に変色する指示薬を金属指示薬と呼ぶ．代表的な金属指示薬を表3.6に示す．この表に示した構造式からわかるように，金属指示薬は一般に多プロトン酸でもあるので，溶液の pH によっても変色する．たとえば，実験3.1や実験3.2で用いるエリオクロムブラック T(BT)は三プロトン酸であり $K_1=[HI^{2-}]/([H^+][I^{3-}])=10^{11.6}$，$K_2=[H_2I^-]/([H^+][HI^{2-}])=10^{6.3}$ である．スルホン酸基へのプロトン付加定数 $K_3=[H_3I]/([H^+][H_2I^-])$ は

表 3.6 主な金属指示薬

指示薬名 (略称)	構造式	調製法	滴定可能の金属	直接滴定の場合の変色
ムレキシド (MX)	(構造式)	0.2〜0.4gを特級NaClまたはK_2SO_4 100gと混合した希釈粉末を用いる．褐色びんに密栓して貯える．	Ca, Co, Ni, Cu	赤または 黄→紫
エリオクロム ブラックT (BT)	(構造式)	0.5gを塩酸ヒドロキシルアミン4.5gとともにメタノール$100\,cm^3$に溶解する．	Mg, Ca, Zn, Cd, Hg(II), Mn(II), Pb, In	赤→青
カルマガイト	(構造式)	0.1gを水$100\,cm^3$に溶解する．	Mg, Zn, Pb, Cd	赤→青
2-ヒドロキシ- 1-(2-ヒドロキシ-4-スルホ-1-ナフチルアゾ)-3-ナフトエ酸 (NN)	(構造式)	ムレキシドに同じ	Ca + Mg 中のCaの 滴定	赤→青
1-(2-ピリジルアゾ)-2-ナフトール (PAN)	(構造式)	0.1% アルコール溶液	Zn, Cd, Cu, In	赤紫→黄
1-(2-チアゾリルアゾ)-2-ナフトール (TAN)	(構造式)	0.1% アルコール溶液	Cu, Znなど	赤紫→黄
4-(2-チアゾリルアゾ)レゾルシノール (TAR)	(構造式)	0.1% アルコール溶液	Cuの指示薬として最もよい	赤紫→黄

2-(2-チアゾリルアゾ)-4-メチル-5-(スルホメチルアミノ)安息香酸 (TAMSMB)	[構造式: チアゾール環-N=N-ベンゼン環(CH₃, NHCH₂SO₃⁻, HOOC)]	酢酸緩衝液(pH 5~6)に溶かし0.1%溶液とする.	Niの指示薬としても最もよい. 40~50°Cで滴定可能	赤紫→黄
キシレノールオレンジ (XO)	[構造式: HOOCH₂C, HOOCH₂C-NH-CH₂-(ベンゼン環 CH₃, HO)=(キノン環 CH₃, O)-CH₂-N(CH₂COOH)₂, SO₃⁻] 0.1%水溶液		Bi, Cd, Hg(II), Pb, Zn, Sc, Thなど	赤紫→黄
ピロカテコールバイオレット (PV)	[構造式: HO, OH-(ベンゼン環)=(キノン環)-OH, OH⁺, SO₃⁻]	0.1%水溶液	Bi, Th, Cu, Ni, Mn(II), Co, Zn, Cd, Pb, Mg	青→紫または黄

著しく小さい. I^{3-} は橙色, HI^{2-} は青色, H_2I^- は赤色の呈色を示す. 一方, BT の金属キレートは赤紫色であるから, BT が金属指示薬として明瞭な変色を示すのは, 金属イオンと結合していない BT が HI^{2-} として存在する pH 範囲, すなわち pH 8~10 である. この pH 範囲で BT を指示薬として亜鉛(II)イオンを EDTA でキレート滴定する場合, 終点では

$$ZnI^- + Y' \longrightarrow ZnY^{2-} + HI^{2-} \qquad (3.40)$$

の反応が進行し, BT は ZnI^- による赤紫色から HI^{2-} による青色への変色を示す.

優れた金属指示薬としては, ① 変色域が pM′ ジャンプと一致すること, ② 金属イオンとの錯形成に伴う変色の色調の違いが大きいこと, ③ 指示薬および指示薬の金属キレートが水溶性であること, ④ 指示薬の金属キレートと EDTA との配位子置換反応が速やかに進行すること, ⑤ 指示薬の金属キレートのモル吸光係数が大きいことなどの性質を備えていることが必要である. これらの点について, BT を指示薬として pH 10 で亜鉛(II)イオンを EDTA でキレート滴定する場合を例に用いて, もう少し考えてみよう.

この滴定の終点前後の反応は

$$ZnI^- + Y' \rightleftharpoons ZnY^{2-} + I' \qquad (3.41)$$

で表わされ，当量点でこの反応が十分に右方向へ進行するためには，式(3.41)の平衡定数 K

$$K = \frac{[\text{ZnY}^{2-}][\text{I}']}{[\text{ZnI}^-][\text{Y}']} = \frac{[\text{ZnY}^{2-}]}{[\text{Zn}'][\text{Y}']} \times \frac{[\text{Zn}'][\text{I}']}{[\text{ZnI}^-]} = \frac{K_{\text{Zn}'\text{Y}'}}{K_{\text{Zn}'\text{I}'}} \quad (3.42)$$

が1より十分大きい必要がある．pH 10 では $K_{\text{Zn}'\text{Y}'}=10^{9.3}$, $K_{\text{Zn}'\text{I}'}=10^{4.5}$ であるので，$K_{\text{Zn}'\text{Y}'} \gg K_{\text{Zn}'\text{I}'}$ すなわち $K \gg 1$ の条件は十分満たされている．

式(3.42)の $K_{\text{Zn}'\text{I}'}=[\text{ZnI}^-]/([\text{Zn}'][\text{I}'])$ において，$[\text{ZnI}^-]/[\text{I}']$ は指示薬の変色の程度を表わす項であり

$$p\text{Zn}' = \log K_{\text{Zn}'\text{I}'} - \log \frac{[\text{ZnI}^-]}{[\text{I}']} \quad (3.43)$$

となる．$[\text{ZnI}^-]/[\text{I}']=10$ で変色が始まり $[\text{ZnI}^-]/[\text{I}']=0.1$ で完全に変色したとすると，変色域のpZn′は

$$p\text{Zn}' = \log K_{\text{Zn}'\text{I}'} \pm 1 \quad (3.44)$$

である．pH 10 のアンモニア緩衝液中での $K_{\text{Zn}'\text{I}'}=10^{4.5}$ を用いると，実験 3.1 の条件での変色域のpZn′として 3.5〜5.5 を得る．この変色域のpZn′を式(3.32)に代入して変色域の a を求めると，$a=0.968$〜1.000 を得る．この結果から，実験 3.1 で「赤味が完全になくなった点を終点とする」という指示の意味が理解できよう．

3.3.3　キレート滴定の種類

　キレート滴定では，普通は最も一般的な直接滴定法が用いられる．これは実験 3.1 の EDTA による亜鉛の滴定のように，金属イオンをキレート滴定試薬で滴定する方法である．直接滴定ができない場合，たとえば，① 定量目的の金属イオンに対して適当な金属指示薬がない場合，② 定量目的の金属イオンが滴定 pH で加水分解して水酸化物として沈殿する場合，③ 定量目的の金属イオンと EDTA との錯形成反応が遅い場合，④ 定量目的の金属イオンと金属指示薬との錯体の EDTA による配位子置換反応が遅い場合には，逆滴定法あるいは置換滴定法が用いられる．

　Al^{3+} は EDTA との錯形成反応が遅いので，アルミニウム(III)の定量には逆滴定法が用いられる．この方法では，Al^{3+} の含量に対して過剰の EDTA を加えて沸騰するまで加熱して，Al(III)-EDTA 錯体の生成をまず完結させる．放冷した後，酢酸塩緩衝液で pH を 5〜6 に調節し，指示薬としてキシレノールオレンジ（XO）を用い，過剰の EDTA を亜鉛(II)標準溶液で滴定する．

Pb^{2+}はアンモニア-塩化アンモニウム緩衝液中では$Pb(OH)_2$として沈殿するので,鉛(II)の定量には置換滴定法が用いられる.この方法では,Pb^{2+}の含量に対して過剰の$Mg(II)$-EDTAを中性の試料溶液に加えて

$$Pb^{2+}+MgY^{2-}\longrightarrow PbY^{2-}+Mg^{2+} \qquad (3.45)$$

の反応により,Pb^{2+}と等量のMg^{2+}を遊離させる.アンモニア-塩化アンモニウム緩衝液でpHを10に調節した後,指示薬としてBTを用い,遊離したMg^{2+}をEDTAで滴定する.

3.3.4 マスキング

錯形成反応を利用して金属イオンを定量する場合,定量目的金属イオン(M_I)とは安定な錯体を生成しないが,M_Iの定量を妨害する金属イオン(M_{II})とは安定な錯体を生成するので,M_{II}共存下でのM_Iの選択定量を可能にする錯化剤をマスキング剤という.このマスキング剤の選択にはHSAB則がうまく利用されている.表3.7に示すように,硬い金属イオンであるAl^{3+},Ca^{2+},Mg^{2+},$Ti(IV)$や希土類をマスキングして,軟らかい金属イオンであるCd^{2+}や中間に属する金属イオンであるZn^{2+},Ni^{2+},Co^{2+}を選択的にキレート滴定する場合には,硬い配位子であるフッ化物イオンをマスキング剤に用いる.これとは逆に,軟らかい金属イオンであるHg^{2+}やCd^{2+}をマスキングして,中間に属する金属イオンであるZn^{2+}を選択的にキレート滴定する場合には,軟らかい配位子であるヨウ化物イオンをマスキング剤に用いる.

表3.7 よく用いられるマスキング剤

マスキング剤	マスキングされる金属	条件	滴定される金属
シアン化物イオン	Ag, Cu, Hg, Fe(II), Zn, Cd, Co, Ni	アルカリ性溶液	Pb, Mn, In, Mg, Ca, Sr, Ba
フッ化物イオン	Al, Ca, Mg, Ti(IV), 希土類	pH 10	Zn, Cd, Ni, Co
トリエタノールアミン	Fe(III), Al, Mn	アルカリ性溶液	Ca, Ni
2,3-ジメルカプトプロパノール (BAL)	Hg(II), Cd, Zn, As, Sb, Sn, Pb, Bi	pH 10	Ca, Mg, Mn, Ni
タイロン(チロン)	Al, Ti(IV), Fe(III)		アルカリ土類, 希土類, Zn
チオ硫酸ナトリウム	Cu(II)	pH 5〜6	Cd, Zn, Ni, Pb
チオ尿素	Cu(II)	酸性溶液	Fe, Ni, Sn
1,10-フェナントロリン	Cd, Co, Cu(II), Ni, Mn, Zn	pH 5〜6	Pb, Al
ヨウ化物イオン	Hg(II), Cd		Zn
チオセミカルバジド	Hg(II)	酸性溶液	Bi, Cd, Zn, Pb
過酸化水素	Ti(IV)	アルカリ性溶液	Mg, Zn
アスコルビン酸	Fe(III), Cu(II)		Zn, Bi

この表には示していないが，金属イオンと水酸化物沈殿を生成する水酸化アルカリをマスキング剤として用いる場合がある．たとえば実験3.2の(b)では，8 M の KOH を加えて溶液の pH を 13 とすることにより，カルシウム(II)イオンと共存するマグネシウム(II)イオンを水酸化物 $Mg(OH)_2$ として沈殿させ，カルシウム(II)イオンだけを選択的に滴定する．

3.4 キレート滴定に関する実験

▓ 実験 3.1 0.01 M EDTA 標準溶液の調製と標定

　市販の EDTA・2Na・$2H_2O$ は白色の結晶性粉末で 99.5 % 以上の純度を有し，80 ℃で 5 時間乾燥すると正確に二水和物になる．この結晶は硫酸または塩化カルシウム(II)のデシケーター中で長期に保存できる．実用分析では 80 ℃で乾燥したものをはかり取り，蒸留水に溶解して EDTA 標準溶液とする．特に高い正確さを必要とする場合には，一次標準物質である金属亜鉛から調製した亜鉛標準溶液を用いる標定により正確な濃度を定める．溶液を調製する際には，イオン交換樹脂を通して脱塩した後に蒸留した水を用いるのがよい．EDTA 溶液自体は非常に安定であるが，ガラス製容器に保存するとカルシウムなどの溶出により次第に汚染されるから，ポリエチレン製容器に保存する方がよい．

【試薬】

　① 0.01 M EDTA 標準溶液：試薬特級 EDTA・2 Na・$2 H_2O$ 0.93 g を 0.1 mg の桁まではかり取って水に溶かし，メスフラスコで 250 cm^3 とした後，ポリエチレン容器に保存する．

　② 0.01 M 亜鉛(II)標準溶液：容量分析用標準物質の亜鉛を塩酸(1+3)*，水，エタノール(99.5 %)，ジエチルエーテルで順次洗い，直ちにデシケーターに入れ，約 12 時間放置する．その 0.16 g を 0.1 mg の桁まではかり取り，できるだけ少量の 6 M 塩酸に溶かした後，メスフラスコで 250 cm^3 とする．

　③ アンモニア-塩化アンモニウム緩衝液：塩化アンモニウム 70 g とアンモニア水(25 %) 570 cm^3 を水に溶かして 1 dm^3 とする．

　④ BT 指示薬溶液：0.5 % メタノール溶液(表 3.6 参照)．

【操作】

　亜鉛(II)標準溶液 20 cm^3 をホールピペットでコニカルビーカーに取り，これにアンモニア-塩化アンモニウム緩衝液 2 cm^3 を加え，水で全容を 50〜60 cm^3 にする．BT

---

　* 濃塩酸 1 容と水 3 容を混合した水溶液を示す．

指示薬溶液数滴を加えて EDTA 標準溶液で滴定する．終点での変色は赤から青色で，赤味が完全になくなった点を終点とする．

【計算】

EDTA 標準溶液の濃度 C_{EDTA} は

$$C_{\mathrm{EDTA}} = 20 \times \frac{C_{\mathrm{Zn}}}{V_{\mathrm{EDTA}}}$$

から計算する．ここで，C_{Zn} は亜鉛標準溶液の濃度，V_{EDTA} は滴定に要した EDTA 標準溶液の体積（cm³）である．

■ 実験 3.2 カルシウムとマグネシウムの分別定量

(a) カルシウムとマグネシウムの合量の定量

Ca^{2+}，Sr^{2+} や Ba^{2+} は BT との錯体の生成定数が小さいので BT を指示薬に用いた場合，当量点で鋭敏な変色が得られない．しかし Mg^{2+} は pH 10 で BT を指示薬として EDTA で直接滴定できる．Ca^{2+} と Mg^{2+} が共存する溶液を pH 10 で滴定すると，$\log K_{\mathrm{CaY}} = 10.7$ で $\log K_{\mathrm{MgY}} = 8.8$ であるから，EDTA 錯体の生成定数が大きい Ca^{2+} がまず滴定され，ついで Mg^{2+} が滴定される（図 3.3 を参照）．したがって，BT を指示薬とする pH 10 でのキレート滴定ではカルシウムとマグネシウムの合量が得られる．

【試薬】

0.01 M EDTA 標準溶液，アンモニア-塩化アンモニウム緩衝液，BT 指示薬溶液は実験 3.1 と同じものを用いる．

【操作】

中性の試料溶液 50 cm³ につきアンモニア-塩化アンモニウム緩衝液 2 cm³ と BT 指示薬溶液数滴を加えて EDTA 標準溶液で滴定する．終点での変色は赤から青色で，赤味が完全になくなった点を終点とする．

(b) カルシウムの選択的定量

Mg^{2+} と共存する Ca^{2+} を選択的に滴定するには，試料溶液の pH を 13 として Mg^{2+} を $Mg(OH)_2$ として沈殿させた後，指示薬として 2-ヒドロキシ-1-(2-ヒドロキシ-4-スルホ-1-ナフチルアゾ)-3-ナフトエ酸（NN）を用いて滴定する．Mg^{2+} が多い場合には $Mg(OH)_2$ に Ca^{2+} が吸着されて負の誤差を生じることがある．これを避けるために，滴定必要量よりわずかに少なめの EDTA を先に加えておいてから pH を上げ，残りの EDTA を滴下する．

【試薬】

① NN 指示薬：希釈粉末（表 3.6 参照）．

② 8 M KOH 溶液．

③ その他の試薬：0.01 M EDTA 標準溶液は実験 3.1 と同じものを用いる．

【操作】

中性の試料溶液 50 cm³ につき 8 M KOH 溶液 4 cm³ を加え，ときどきかき混ぜながら 3〜5 分間放置する．NN 指示薬を加えて EDTA 標準溶液で滴定し，まず概略の滴定値を知る．なお，終点での変色は赤から青色で，赤味が完全になくなった点を終点とする．次に同体積の試料溶液を取り，予想滴定値よりわずかに少なめの EDTA 標準溶液を加えてから，同量の 8 M KOH 溶液を加え，ときどきかき混ぜながら 3〜5 分間放置する．ついで NN 指示薬を加え，終点に達するまで引き続き滴定し，正確な滴定値を得る．

【計算】

(a)での滴定値を V_a(cm³)，(b)での滴定値を V_b(cm³)，EDTA 標準溶液の濃度を C_{EDTA} とすると，試料溶液 50 cm³ 中の含有量はそれぞれ

$$Ca(mg) = 40.08 \times C_{EDTA} \times V_b$$
$$Mg(mg) = 24.31 \times C_{EDTA} \times (V_a - V_b)$$

である．

■ 実験 3.3　黄銅中の銅と亜鉛の分別定量

(a) 試料溶液の調製

黄銅 0.25 g を 0.1 mg の桁まではかり取って濃硝酸 3 cm³ に溶かし，シロップ状に濃縮する．冷却してから水を加えて全容を約 50 cm³ とした後，アンモニア水を加えて，鉄，鉛，マンガンなどを水酸化物として沈殿させる．沈殿をろ別した後，そのろ紙を希アンモニア水でよく洗う．そのときのろ液と洗液とを 250 cm³ のメスフラスコに移し，水で標線まで希釈する．

(b) 銅と亜鉛の合量の定量

pH 5〜6 で 4-(2-チアゾリルアゾ)レゾルシノール（TAR）を指示薬として EDTA 標準溶液で滴定して，銅と亜鉛の合量を定量する．TAR の代わりに 1-(2-チアゾリルアゾ)-2-ナフトール（TAN）を用いることもできる．

【試薬】

① TAR 指示薬溶液：0.1 % アルコール溶液（表 3.6 参照）．
② 酢酸-酢酸ナトリウム緩衝液(pH 5〜6)：1 M 酢酸と 1 M 酢酸ナトリウム溶液とを適当に混ぜる．
③ その他の試薬：0.01 M EDTA 標準溶液は実験 3.1 と同じものを用いる．

【操作】

試料溶液 20 cm³(Cu<30 mg，Zn<60 mg)をホールピペットでコニカルビーカーに取り，これに酢酸-酢酸ナトリウム緩衝液を加え，pH を 5〜6 に調節する．水を加え全容を 60〜80 cm³ とし，TAR 指示薬溶液数滴を加えて EDTA 標準溶液で滴定する．

終点での変色は赤から黄色であり，銅が多量のときは赤紫から黄緑色である．
　(c)　亜鉛の選択的定量
　チオ硫酸ナトリウムで銅をマスキングし，pH 5～6 で XO を指示薬として EDTA 標準溶液で滴定して亜鉛を選択的に定量する．

【試薬】
　① XO 指示薬溶液：0.1％ 水溶液(表 3.6 参照．調製後 1 カ月は使用可能)．
　② チオ硫酸ナトリウム溶液：10％ 水溶液
　③ その他の試薬：0.01 M EDTA 標準溶液は実験 3.1 と，酢酸-酢酸ナトリウム緩衝液(pH 5～6)は(b)と同じものを用いる．

【操作】
　(b)と同体積の試料溶液を取り，酢酸-酢酸ナトリウム緩衝液を加えて pH を 5～6 に調節する．これにチオ硫酸ナトリウム溶液を滴下する．溶液は最初，褐色となるが，無色になるまで滴下を続ける．15 mg の銅をマスキングするのに 10％ チオ硫酸ナトリウム溶液を 4～5 cm^3 加える．水を加え全容を 60～80 cm^3 とし，XO 指示薬溶液数滴を加えて EDTA 標準溶液で滴定する．終点での変色は赤から黄色である．

【計算】
　(b)での滴定値を V_b(cm^3)，(c)での滴定値を V_c(cm^3)，0.01 M EDTA 標準溶液の濃度を C_{EDTA} とすると，試料溶液 20 cm^3 中の含有量はそれぞれ

$$\mathrm{Cu(mg)} = 63.55 \times C_{EDTA} \times (V_b - V_c)$$
$$\mathrm{Zn(mg)} = 65.39 \times C_{EDTA} \times V_c$$

である．250 cm^3 中の含有量と黄銅の秤量値から，黄銅中の含有率を求める．

4 章

沈殿生成平衡と重量分析・沈殿滴定

　水に難溶性の沈殿の生成反応は，分別沈殿，重量分析，沈殿滴定などの分析操作に広く利用されている．本章では，沈殿生成平衡を定量的に取り扱うための考え方や方法を学び，それらが上記の分析操作にどのように活用されるかを学ぶ．

4.1 沈殿の溶解

　固体の塩化銀 AgCl(s) の水への溶解反応は，
$$\mathrm{AgCl(s)} \rightleftharpoons \mathrm{Ag^+} + \mathrm{Cl^-} \tag{4.1}$$
のように表わされるが，この反応は
$$\mathrm{AgCl(s)} \rightleftharpoons \mathrm{AgCl} \rightleftharpoons \mathrm{Ag^+} + \mathrm{Cl^-} \tag{4.2}$$
のように2段に分けて考えることができる．第1段目の反応はAgClとしての溶解平衡であり，第2段目の反応はAgClの解離平衡である．沈殿AgCl(s)が溶解平衡に達している場合，溶液中に溶解しているAgClの濃度は温度が一定ならば一定値となる．この値を$S°$で表わす．$S°$とAgClの解離平衡定数（AgClの生成定数の逆数）の積は式(4.3)のようになる．

$$S° \times \frac{1}{K_{\mathrm{AgCl}}} = [\mathrm{AgCl}] \times \frac{[\mathrm{Ag^+}][\mathrm{Cl^-}]}{[\mathrm{AgCl}]} = [\mathrm{Ag^+}][\mathrm{Cl^-}] \tag{4.3}$$

この$S°/K_{\mathrm{AgCl}}$を溶解度積（solubility product）と呼び，K_{sp}と表わす．すなわち，式(4.1)で表わされる塩化銀の溶解反応に対する平衡定数としては
$$K_{\mathrm{sp}} = [\mathrm{Ag^+}][\mathrm{Cl^-}] \tag{4.4}$$
で定義される塩化銀の溶解度積を用いることになる．酸解離定数の場合のpK_{a}

と同様に，その常用対数値にマイナスをつけた pK_{sp} というかたちで溶解度積の値を示すことが多い．主な難溶性塩の pK_{sp} 値を付表4に示す．

式(4.2)によると，塩化銀の沈殿は AgCl，Ag^+ および Cl^- という化学種で溶解していることになるが，$[Ag^+]$, $[Cl^-] \gg S°$ であるので，塩化銀の溶解度 S は

$$[Ag^+] = [Cl^-] = S = (K_{sp})^{1/2} \tag{4.5}$$

となる．沈殿の組成が同じ場合には，K_{sp} が小さい（すなわち pK_{sp} が大きい）沈殿ほど溶解度が小さい．沈殿の組成が異なる場合には，K_{sp} 値あるいは pK_{sp} 値を直接比較することはできない．

一般的に，M^{b+} と R^{a-} との反応で生成する沈殿 $M_aR_b(s)$ の溶解平衡は

$$M_aR_b(s) = aM^{b+} + bR^{a-} \tag{4.6}$$

で表わされ，その溶解度積は

$$K_{sp} = [M^{b+}]^a [R^{a-}]^b \tag{4.7}$$

で与えられる．沈殿 $M_aR_b(s)$ の溶解度を S で表わすと

$$[M^{b+}] = aS \tag{4.8}$$
$$[R^{a-}] = bS \tag{4.9}$$

となるので

$$K_{sp} = (aS)^a (bS)^b = a^a b^b S^{a+b} \tag{4.10}$$

という関係を得る．クロム酸銀の $K_{sp} = 10^{-11.9}$ を用いてその溶解度を計算すると $S = 10^{-4.2}$ M となり，$K_{sp} = 10^{-9.8}$ の塩化銀の溶解度 $S = 10^{-4.9}$ M より大きいことがわかる．

4.2 沈殿の生成

硝酸銀溶液に塩化ナトリウム溶液を加えて塩化銀を沈殿させる反応

$$Ag^+ + Cl^- \rightleftharpoons AgCl(s) \tag{4.11}$$

は式(4.1)の逆反応であるから，式(4.4)で定義した溶解度積は沈殿の生成状況を予測するのにも用いられる．

式(4.11)で生成した AgCl(s) を溶液中に均一に分散させることができたとすると，この溶解平衡に対する物質収支式は

$$C_{Ag} = [Ag^+] + [AgCl(s)] \tag{4.12}$$
$$C_{Cl} = [Cl^-] + [AgCl(s)] \tag{4.13}$$

となる．すなわち，塩化銀が沈殿している場合には

$$C_{Ag} > [Ag^+] \tag{4.14}$$
$$C_{Cl} > [Cl^-] \tag{4.15}$$

すなわち

$$C_{Ag} \times C_{Cl} > [Ag^+][Cl^-] = K_{sp} \tag{4.16}$$

であるから

$$C_{Ag} \times C_{Cl} > K_{sp} \tag{4.17}$$

が，塩化銀が沈殿する条件となる．式(4.17)が成り立つように硝酸銀溶液に塩化ナトリウム溶液を加えると

$$(C_{Ag} - [AgCl(s)]) \times (C_{Cl} - [AgCl(s)]) = [Ag^+][Cl^-] = K_{sp} \tag{4.18}$$

となるまで塩化銀が沈殿して，式(4.4)の関係が保たれる．

たとえば，2×10^{-5} M の硝酸銀溶液 $1\,dm^3$ と，2×10^{-3} M の塩化ナトリウム溶液 $1\,dm^3$ とを混合すると，$C_{Ag} = 1 \times 10^{-5}$ M，$C_{Cl} = 1 \times 10^{-3}$ M となり

$$C_{Ag} \times C_{Cl} = 1 \times 10^{-8} > 10^{-9.8} = K_{sp} \tag{4.19}$$

であるから塩化銀が沈殿する．銀イオンの98％が沈殿すると

$$(1 \times 10^{-5} - 9.8 \times 10^{-6}) \times (1 \times 10^{-3} - 9.8 \times 10^{-6}) = 10^{-9.8} = K_{sp} \tag{4.20}$$

となり，式(4.4)の関係が保たれる．

塩化銀がまさに沈殿しはじめる条件では $[AgCl(s)] = 0$ なので，$C_{Ag} = [Ag^+]$ となり，$C_{Cl} = [Cl^-]$ となる．したがって

$$C_{Ag} \times C_{Cl} = K_{sp} \tag{4.21}$$

となる．もちろん

$$C_{Ag} \times C_{Cl} < K_{sp} \tag{4.22}$$

では塩化銀の沈殿は生成しない．

4.3 沈殿生成反応に影響を及ぼす因子

副反応が起こる場合の錯形成平衡を取り扱う際には，条件生成定数を用いたが，それと同様に，副反応がある場合の沈殿生成平衡を取り扱う際には，条件溶解度積を用いる．金属イオン M に沈殿剤 R を加えて MR を沈殿させる反応（イオンの電荷は省略する）

$$M + R \rightleftharpoons MR(s) \tag{4.23}$$

において，M，R いずれにも副反応を考える必要がある場合には

$$M' + R' \rightleftharpoons MR(s) \qquad (4.24)$$

という沈殿生成平衡に対して

$$K_{\mathrm{sp},M'R'} = [M'][R'] = K_{\mathrm{sp},MR}\alpha_M\alpha_R \qquad (4.25)$$

という条件溶解度積を用いる．$\alpha_M \geqq 1$ で $\alpha_R \geqq 1$ であるから，副反応がある場合には沈殿の溶解度は増加する．次に，式(4.25)を用いて金属イオンおよび沈殿剤に副反応がある場合の沈殿生成平衡の取り扱いについて考える．

4.3.1 金属イオンの副反応

3.2節に示したように，金属イオンと錯形成可能な第二の配位子が共存する場合に，その影響を考慮する必要があるのはいうまでもないが，沈殿生成平衡では過剰の沈殿剤の添加が副反応となる場合がしばしばある．

たとえば，銀(I)イオンを含む溶液に塩化物イオンを加えると，式(4.11)に従って塩化銀が沈殿するが，塩化物イオンを過剰に加えると，塩化銀の沈殿 $AgCl(s)$ は $AgCl_2^-$, $AgCl_3^{2-}$, $AgCl_4^{3-}$ として再溶解する．$AgCl(s)$ と平衡にあり可溶性で銀イオンを含む全化学種を Ag' で表わすと，$AgCl_n^{1-n}(n=1\sim4)$ の生成を考慮した $AgCl(s)$ の沈殿生成平衡は

$$Ag' + Cl^- \rightleftharpoons AgCl(s) \qquad (4.26)$$

となる．ここで

$$[Ag'] = [Ag^+] + [AgCl] + [AgCl_2^-] + [AgCl_3^{2-}] + [AgCl_4^{3-}] \qquad (4.27)$$

である．$AgCl_n^{1-n}$ の全生成定数を $\beta_n = [AgCl_n^{1-n}]/([Ag^+][Cl^-]^n)$ で表わすと

$$[Ag'] = [Ag^+]\left(1 + \sum_{n=1}^{4}\beta_n[Cl^-]^n\right) = [Ag^+]\alpha_{Ag(Cl)} \qquad (4.28)$$

となる．

$$K_{\mathrm{sp},Ag'Cl} = [Ag'][Cl^-] = K_{\mathrm{sp},AgCl}\alpha_{Ag(Cl)} \qquad (4.29)$$

であるから

$$\begin{aligned}[Ag'] &= \frac{K_{\mathrm{sp},AgCl}\alpha_{Ag(Cl)}}{[Cl^-]} \\ &= K_{\mathrm{sp},AgCl}\left(\frac{1}{[Cl^-]} + \beta_1 + \beta_2[Cl^-] + \beta_3[Cl^-]^2 + \beta_4[Cl^-]^3\right)\end{aligned}$$

$$(4.30)$$

となる．付表2に示した β_n の値を式(4.30)に代入して計算した $[Ag']$ と $[Cl^-]$ との関係を図4.1に示す．$d[Ag']/d[Cl^-]=0$ となる $[Cl^-]$，すなわち $[Cl^-]=2\times10^{-3}$ M で塩化銀の溶解度は最小となる．したがって，塩化銀の溶解度を最小にするためには，ある程度過剰に沈殿剤を加える必要があるが，あまり過剰に加

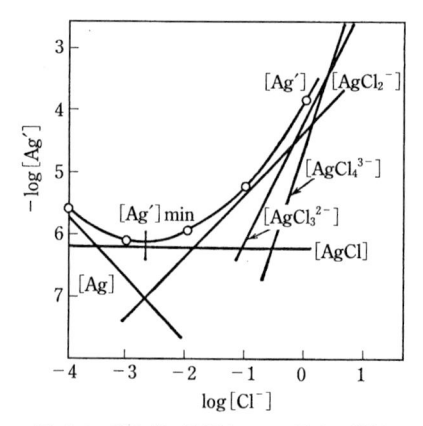

図 4.1 塩化銀の溶解度と Cl^- 濃度の関係

えてはいけないことがわかる．

つぎに，沈殿を構成する金属イオンと錯形成可能な第二の配位子が共存する場合を考える．

塩化銀の沈殿を含む溶液にアンモニアを加えると $AgCl(s)$ は $Ag(NH_3)^+$，$Ag(NH_3)_2^+$ として溶解する．$AgCl(s)$ と平衡にあり可溶性で銀(I)イオンを含む全化学種を Ag' で表わすと，$Ag(NH_3)_m^+$ ($m=1,2$) の生成を考慮した $AgCl(s)$ の沈殿生成平衡は

$$Ag' + Cl^- \rightleftharpoons AgCl(s) \tag{4.31}$$

となる．ここで

$$[Ag'] = [Ag^+] + [Ag(NH_3)^+] + [Ag(NH_3)_2^+] \tag{4.32}$$

である．$Ag(NH_3)_m^+$ の全生成定数を $\beta_m = [Ag(NH_3)_m^+]/([Ag^+][NH_3]^m)$ で表わすと

$$[Ag'] = [Ag^+]\left(1 + \sum_{m=1}^{2}\beta_m[NH_3]^m\right) = [Ag^+]\alpha_{Ag(NH_3)} \tag{4.33}$$

であるから

$$K_{sp,Ag'Cl} = [Ag'][Cl^-] = K_{sp,AgCl}\alpha_{Ag(NH_3)} \tag{4.34}$$

となる．

アンミン錯体の生成を考慮した場合の塩化銀の溶解度を S で表わすと

$$S = [Ag'] = [Cl^-] = (K_{sp,AgCl}\alpha_{Ag(NH_3)})^{1/2} \tag{4.35}$$

となる．ここで，$[NH_3] = 0.01\,M$ となるようにアンモニアを加えたとする．付表2に示した β_m の値を用いて，この条件での $\alpha_{Ag(NH_3)}$ を計算すると $10^{3.1}$ となる．したがって

$$S = (10^{-9.8} \times 10^{3.1})^{1/2} = 10^{-3.4} \quad (4.36)$$

となる．すなわち，0.01 M のアンモニアが共存することによって，塩化銀の溶解度はアンモニアが共存しない場合の約 30 倍になる．

4.3.2 沈殿剤の副反応

シュウ酸イオン（L^{2-}）によるアルカリ土類金属イオン（M^{2+}）の沈殿生成では，主反応

$$M^{2+} + L^{2-} \rightleftharpoons ML(s) \quad (4.37)$$

に対して，L^{2-} へのプロトン付加が副反応となる．M^{2+} と結合していないシュウ酸の全化学種を L' で表わすと，この副反応を考慮した沈殿生成平衡は

$$M^{2+} + L' \rightleftharpoons ML(s) \quad (4.38)$$

と表わされる．$C_M \ll C_L$ の場合には

$$C_L = [L'] + [ML(s)] \fallingdotseq [L'] = [L^{2-}] + [HL^-] + [H_2L] = [L^{2-}]\alpha_{L(H)} \quad (4.39)$$

$$K_{sp,ML'} = [M^{2+}][L'] = [M^{2+}][L^{2-}]\alpha_{L(H)} = K_{sp,ML}\alpha_{L(H)} \quad (4.40)$$

となり

$$[M^{2+}] = \frac{K_{sp,ML}\alpha_{L(H)}}{[L']} = \frac{K_{sp,ML}\alpha_{L(H)}}{C_L} \quad (4.41)$$

すなわち

$$pM = -\log[M^{2+}] = pK_{sp,ML} - \log\alpha_{L(H)} + \log C_L \quad (4.42)$$

を得る．式(4.42)を用いて $C_L = 0.1$ M の場合について描いた pM〜pH 図を図 4.2 に示す．

3×10^{-3} M のアルカリ土類金属イオンと 0.1 M のシュウ酸塩とを含む溶液を扱っているとする．このとき，pM=2.5 の pH は，それぞれのアルカリ土類金属イオンのシュウ酸塩の沈殿が生成しはじめる pH（pH_i）となる．すなわち，シュウ酸カルシウム，シュウ酸バリウム，シュウ酸マグネシウムは，pH 0.1, 1.0, 3.6 で沈殿しはじめる（図 4.2 参照）．

アルカリ土類金属イオンの 99.9％

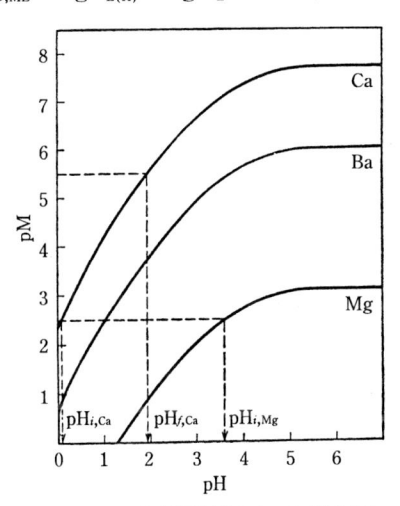

図 4.2 アルカリ土類金属イオンに関するシュウ酸塩沈殿の pM〜pH 図（$C_L=0.1$ M, $C_M=3\times10^{-3}$ M）

がシュウ酸塩として沈殿するpH条件(pH_f)では，$[M^{2+}]=0.001\times C_M=3\times10^{-6}=10^{-5.5}$ M となるので，pM=5.5のpHは，それぞれのアルカリ土類金属イオンを定量的にシュウ酸塩として沈殿させるpHとなる．図4.2からわかるように，シュウ酸カルシウム，シュウ酸バリウムはpH2.0, 3.6で定量的に沈殿する．

これらの結果は，後述するような共同沈殿や後発沈殿といった現象が起こらなければ，図4.2の条件で$2.0\leq pH<3.6$となるようにpHを調節すれば，マグネシウムを沈殿させずに，カルシウムを99.9％以上沈殿させることができることを示している．このように，反応条件を調節することによって，特定の金属イオンだけを選択的に沈殿させる分離法を分別沈殿法という．分別沈殿法のもう一つの例として，金属イオンの系統分析法を取り上げる．

金属陽イオンの古典的な系統定性分析では，第1属は塩化物，第3属は水酸化物，第5属は炭酸塩として分離されるのに対して，第2および第4属はいずれも硫化物として分離される．pK_{sp}が35.2のCu^{2+}, 22.8のZn^{2+}, 18.5のNi^{2+}を例として，分別沈殿の実際について考えてみよう．

硫化物イオン（S^{2-}）による二価金属イオン（M^{2+}）の沈殿生成では，主反応

$$M^{2+}+S^{2-} \rightleftharpoons MS(s) \qquad (4.43)$$

に対して，S^{2-}へのプロトン付加が副反応となる．M^{2+}と結合していない硫化物イオンの全化学種をS'で表わすと，この副反応を考慮した沈殿生成平衡は

$$M^{2+}+S' \rightleftharpoons MS(s) \qquad (4.44)$$

で表わされる．ここで

$$[S']=[S^{2-}]+[HS^-]+[H_2S]=[S^{2-}]\alpha_{S(H)} \qquad (4.45)$$

■ 金属陽イオンの系統定性分析

硫化水素を用いる金属陽イオンの系統定性分析では，検液2 cm³に6 M塩酸を2滴加え，第1属イオン（Hg_2^{2+}, Ag^+, Pb^{2+}など）を塩化物として沈殿分離する．ろ液の塩酸濃度を0.3 Mに調節してから硫化水素を通じることにより，第2属イオン（Cu^{2+}, Pb^{2+}, Hg^{2+}など）を硫化物として沈殿分離する．硫化水素を除去した後，ろ液をアンモニアアルカリ性にして第3属イオン（Fe^{3+}, Cr^{3+}, Al^{3+}など）を水酸化物として沈殿分離する．ろ液を酢酸酸性にしてから硫化水素を通じることにより，第4属イオン（Ni^{2+}, Co^{2+}, Zn^{2+}など）を硫化物として沈殿分離する．硫化水素を除去した後，第5属イオン（アルカリ土類金属イオン）を炭酸塩として沈殿分離する．ろ液には第6属イオン（アルカリ金属イオン）が残る．

である.H_2S ガスの飽和溶解度 $[S']$ を $0.1M$ とすると

$$[S^{2-}] = \frac{0.1}{\alpha_{S(H)}} \tag{4.46}$$

となる.金属イオンの全濃度を $0.01M$ とした場合

$$K_{sp} = 0.01 \times \frac{0.1}{\alpha_{S(H)}} \tag{4.47}$$

が,M^{2+} が沈殿するかしないかの境界になる.

第2属の沈殿生成は $0.3M$ 塩酸中で行うので,その $\alpha_{S(H)}$ は

$$\alpha_{S(H)} = 1 + 1 \times 10^{14} \times 0.3 + 1 \times 10^{21} \times (0.3)^2 = 1 \times 10^{20} \tag{4.48}$$

となる.すなわち,$K_{sp} > 10^{-23}$ の Ni^{2+},Zn^{2+} は沈殿しないが,$K_{sp} \leq 10^{-23}$ の Cu^{2+} は沈殿する.

第3属までの金属イオンを分離した後,酢酸酸性で H_2S ガスを通じる.このとき,溶液の pH が 2.5 であったとすると

$$\alpha_{S(H)} = 1 + 1 \times 10^{14} \times 10^{-2.5} + 1 \times 10^{21} \times (10^{-2.5})^2 = 1 \times 10^{16} \tag{4.49}$$

となるから,$K_{sp} > 10^{-19}$ の Ni^{2+} は沈殿しないが,$K_{sp} \leq 10^{-19}$ の Zn^{2+} は沈殿する.

Zn^{2+} を分離した後,溶液をアンモニアアルカリ性(pH 10 程度)にすると

$$\alpha_{S(H)} = 1 + 1 \times 10^{14} \times 10^{-10} + 1 \times 10^{21} \times (10^{-10})^2 = 1 \times 10^4 \tag{4.50}$$

となるから,Ni^{2+} も沈殿し,アルカリ土類金属イオンやアルカリ金属イオンから分離される.

4.4 重 量 分 析

沈殿法による重量分析では,まず試料溶液に沈殿剤溶液を加えて目的成分を難溶性の沈殿として母液から分離し,ついで一定組成の化学種にそろえた後,その質量を測定するという操作を行う.操作に熟練を要する部分があったり,結果を得るまでに比較的長い時間を要するという欠点はあるが,容量分析よりも精密な結果が得られる場合が多い.

沈殿法によって重量分析を行う場合には,目的成分だけを定量的に沈殿させる必要がある.しかも,ろ過や洗浄を容易にし,表面吸着などによる汚染を避けるためには,粒径が大きく緻密な沈殿を得ることが望まれる.さらに,組成が厳密に一定で安定な秤量形に揃えることができることも必要となる.

4.4.1 沈殿の生成法

試料溶液に沈殿剤溶液を加えると，まず沈殿核と呼ばれる微細な粒子が生成し，ついでこの核が成長し，やがて沈殿として沈降する．粒径が大きく緻密な沈殿を得るためには，はじめのうちに加える沈殿剤溶液については生成する沈殿核の数をできるだけ少なくするような工夫が，その後に加える沈殿剤溶液については新たな沈殿核の生成ではなく，既存の沈殿核を成長させるような役割を果たさせる工夫が必要になる．希薄な沈殿剤溶液を少量ずつ加えたり，比較的高温で沈殿生成を行うと，粒子の大きい沈殿が得られる場合が多い．

4.4.2 均一溶液からの沈殿法

上述のような注意をはらっても，沈殿剤溶液が添加されたところでは沈殿剤濃度が局所的に高くなり，多数の沈殿核の生成は避けられない．適当な溶液内反応により沈殿剤の濃度をゆっくりと増加させれば，体積の増加を伴わずに希薄な沈殿剤溶液を均一に添加した場合と同じ結果が得られる．このような考えの下に開発された沈殿法が「均一溶液からの沈殿法 (precipitation from homogeneous solution：PFHS)」と呼ばれる方法である．PFHS 法では種々の化学反応が利用されるが，代表的な例として尿素の加水分解反応を利用して溶液の pH を上げる方法を取り上げる．

尿素の水溶液を加熱すると

$$(NH_2)_2CO + H_2O \longrightarrow 2\,NH_3 + CO_2(g) \tag{4.51}$$

の反応が進み，生成したアンモニアによって溶液の pH が均一に上昇する．式(4.51)の反応は，金属イオンの水酸化物あるいは塩基性塩の沈殿生成に利用される．たとえば，硫酸塩共存下で尿素の加水分解反応を利用して Al^{3+} を沈殿させると，アンモニアを外部から添加する方法の沈殿（図 4.3 の左）とは異なり，かさの小さい，さらさらした沈殿（図 4.3 の右）が得られる．

式(4.51)の反応は，沈殿剤が弱酸の共役塩基の場合にも利用される．たとえば，Ca^{2+} をシュウ酸塩として沈殿

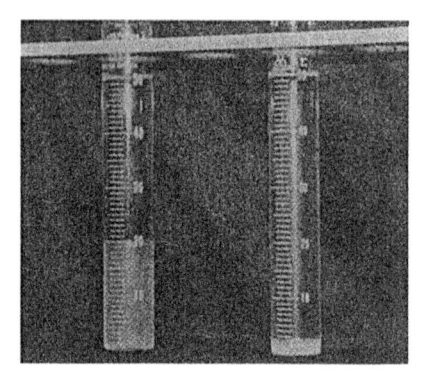

図 4.3 均一溶液からの沈殿法と従来法による水酸化アルミニウムの沈殿
（左）塩化アンモニウム共存でアンモニア水により沈殿．（右）尿素-SO_4^{2-} による均一溶液からの沈殿（いずれも Al として 23 mg を含む）．

させる場合，式(4.51)の反応を利用すると，溶液全体にわたってゆっくりと
$$Ca^{2+} + H_2C_2O_4 \longrightarrow CaC_2O_4(s) + 2\,H^+ \qquad (4.52)$$
の反応を右側に進行させることができるので，結晶性のよいシュウ酸カルシウムの沈殿を得ることができる．シュウ酸カルシウムの沈殿は，Ca^{2+} を含む溶液中でシュウ酸ジエチルの加水分解反応
$$(C_2H_5)_2C_2O_4 + 2\,H_2O \longrightarrow H_2C_2O_4 + 2\,C_2H_5OH \qquad (4.53)$$
を利用しても得ることができる．

実験 4.1 では，Ni^{2+} の沈殿剤としてジメチルグリオキシムを用いるが，この沈殿剤をビアセチルとヒドロキシルアミンとから
$$(CH_3CO)_2 + 2\,NH_2OH \longrightarrow (CH_3CNOH)_2 + 2\,H_2O \qquad (4.54)$$
の反応で合成して Ni^{2+} を沈殿させる PFHS 法もある．

4.4.3 沈殿の純度

沈殿は，それを生成した溶液中に含まれる物質により常に汚染されている．不純物が沈殿してくる段階で汚染の原因を分類すると，共沈と後沈とに分けられる．

主沈殿に伴って不純物が沈殿する現象を共沈といい，共沈にかかわる現象には表面吸着，吸蔵，混晶生成がある．

表面吸着は，主沈殿の表面イオンが溶液中にある反対電荷のイオンを静電引力により吸着する現象をいう．表面吸着による汚染は洗浄や温浸により低減することができる．

吸蔵は，主沈殿が成長する過程で不純物が沈殿内部に包み込まれる現象である．吸蔵による汚染は温浸により低減できるが，洗浄では低減できない．汚染がひどい場合には，ろ別した沈殿を溶解し再沈殿させることによってその影響を軽減する．

混晶生成は，たとえば $BaSO_4$ の沈殿の Ba^{2+} の一部が Pb^{2+} に置き換わったような沈殿が生成する現象をいい，混晶は格子定数がほとんど同じ結晶間で起こる．混晶生成による汚染は温浸，再沈殿では低減できない．したがって，妨害イオンをあらかじめ分離しておくか，マスキングする必要がある．

主成分が沈殿した後で不純物が徐々に沈殿してくる現象を後沈という．主沈殿に比べて不純物沈殿の析出速度が遅い場合に後沈が起きる．また，主沈殿表面に過剰の沈殿剤が吸着されて集まり，母液に比べ主沈殿表面付近の沈殿剤濃度が高くなるため，母液の沈殿剤濃度では沈殿しないイオンが，主沈殿表面で

沈殿する場合にも後沈は起きる．

4.4.4 重量分析の操作

実際の重量分析では，汚染に注意して生成・熟成した沈殿を，ろ過，洗浄，乾燥（強熱），秤量して，恒量値より目的成分の物質量を算出する．ここでは，これらの操作で留意すべき点について簡単に述べる．

a. 沈殿のろ過

重量分析では，ろ紙あるいはガラスフィルターで沈殿をろ別する．実験4.2の硫酸バリウムの沈殿のように，後で強熱する場合にはろ紙を用いる．重量分析にはJISの規格で5種と呼ばれる灰分の小さいろ紙が一般的に用いられる．5種のろ紙にはろ過速度が大きい迅速定量用5種A，ろ過速度が中程度の一般定量用5種B，ろ過速度が小さい微細沈殿用5種Cがあり，水酸化鉄(III)のろ過には5種A，硫酸鉛のろ過には5種B，硫酸バリウムのろ過には5種Cといったように，沈殿の大きさによってこれらを使い分ける．

実験4.1のジメチルグリオキシマトニッケル(II)錯体のように，乾燥温度の比較的低い沈殿の場合にはガラスフィルターを用いる．ガラスフィルターのろ過板は粒のそろったガラス細粒を焼結したものである．各ガラスフィルターには，たとえば17G4のような記号が割り振られている．Gの前の数字で形状と板径を指定し，Gの後ろの数字でろ過板のガラス細粒の粒径を指定する．ガラス細粒の粒径にはG1〜G4の4種類があり，数字が大きいほど粒径が小さくなる．一般的に，粗大な沈殿のろ過にはG3が，微細な沈殿のろ過にはG4のガラスフィルターが用いられる．

b. 沈殿の洗浄

ろ過した後，母液や表面吸着した不純物を除くために沈殿を洗浄する．ろ紙を通過してきた洗液中に入っていてはいけないイオンが完全に検出されなくなるまで洗浄を続ける．実験4.2では，ろ紙を通過してきた洗液中に塩化物イオンが完全に検出されなくなるまで，熱湯で硫酸バリウムの沈殿を洗浄する．塩化物イオンの検出には，硝酸銀溶液による塩化銀の沈殿生成反応を使う．

実験4.2の硫酸バリウムのように沈殿が結晶性で溶解度が小さい場合には，純水を洗液に用いる．解膠（沈殿がコロイド状に戻る現象）を避けるためには，NH_4NO_3のように強熱すれば揮散するような電解質を含む熱水を洗液に用いる．沈殿の溶解度が比較的大きい場合には，沈殿の飽和溶液を洗液に用いることもある．

c. 沈殿の乾燥と強熱

　沈殿を秤量形に変えるためには，沈殿を乾燥あるいは強熱する．実験 4.1 のジメチルグリオキシマトニッケル(II)錯体のようにガラスフィルターへろ過した沈殿は，ガラスフィルターごと所定の温度で所定の時間乾燥して秤量形を得る．

　沈殿に付着した水分や吸着した揮発性の不純物を除去したり，沈殿形を別の組成の秤量形に変えたりする場合には，比較的高い温度で沈殿を加熱することがある．実験 4.2 の硫酸バリウムのようにろ紙へろ過した沈殿は十分に水を切った後，ろ紙とともにあらかじめ恒量にしておいたつぼに入れ，最初はふたをせずきわめて弱い炎でろ紙を炭化する．次第に温度を上げ，ろ紙をほぼ完全に灰化する．ここで，るつぼをマッフル炉中に置き，ふたを少しずらして乗せ，所定の温度で所定の時間強熱して秤量形を得る．最適強熱温度は熱重量分析曲線（沈殿の質量の温度変化）から決められ，比較的広い温度範囲にわたって組成が変わらない温度が選ばれる．沈殿形と秤量形の化学式が必ずしも一致しないのはこのためである．

　乾燥あるいは強熱温度を選ぶ場合には，同じ物質量に対してモル質量が大きいほど測定する質量は大きくなるので，相対的な誤差が小さくなることも考慮する必要がある．たとえば，1×10^{-3} mol の Al^{3+} を Al_2O_3 にすると 0.051 g となるが，8-キノリノール（HL）の錯体 AlL_3 とすると 0.459 g となり，質量を測定する際の誤差が一定であれば，定量の精度をほぼ 10 倍向上させることができる．

4.5　重量分析に関する実験

■ 実験 4.1　ジメチルグリオキシムによるニッケルの定量

　ジメチルグリオキシムは，ニッケル(II)を含めてごく少数の金属イオンとのみ沈殿を生成する．これを利用して，硫酸ニッケル(II)アンモニウム中のニッケルを定量する．
【試薬】
① ジメチルグリオキシム（$C_4H_8N_2O_2$）の 1 ％アルコール溶液
② 硫酸ニッケル(II)アンモニウム　[$(NH_4)_2Ni(SO_4)_2 \cdot 6H_2O$，F.W. $= 395.01$]
③ その他の試薬：塩酸(1+1)，アンモニア(1+1)

【操作】

　ガラスフィルターを110〜120℃の電気乾燥器中で加熱し，デシケーター中で放冷し，秤量する．前回の秤量値との差が0.2 mgになるまでこの操作を繰り返す．約0.2 gの硫酸ニッケル(II)アンモニウムを正確にはかり取り，300 cm^{3}ビーカーに移し，およそ200 cm^{3}の蒸留水に溶解する．塩酸(1+1) 1 cm^{3}を加え，約80℃に加熱する．試料溶液をよく撹拌しながら，ジメチルグリオキシムの1％アルコール溶液30 cm^{3}を少量ずつ加え，さらにアンモニア(1+1) 16〜20 cm^{3}を滴下して，溶液を微アルカリ性にする．時計皿でビーカーにふたをし，湯浴上で30分加熱し，沈殿を熟成する．温かいうちにガラスフィルターで沈殿を吸引ろ過する．熱水5〜10 cm^{3}でビーカーを洗い，すべての沈殿をガラスフィルターに移す．最後に熱水でガラスフィルターを数回洗浄する．沈殿の入ったガラスフィルターを110〜120℃の電気乾燥器中で約1時間加熱し，放冷，秤量を繰り返して恒量化する．

【計算】

　得られたジメチルグリオキシマトニッケル(II)錯体（[Ni(C$_4$H$_7$N$_2$O$_2$)$_2$]，F.W. 288.92）の質量をa(g)とすると，その中に含まれるNiの質量は$a \times 58.69/288.92$となる．採取した硫酸ニッケル(II)アンモニウムの質量をb(g)とすると，質量の比（含有率）は$a/b \times 58.69/288.92 \times 100\%$で与えられる．純粋な場合に期待される値14.86％と比較する．

■ 実験4.2　硫酸イオンの定量

　硫酸ニッケル(II)アンモニウム中の硫酸イオンを硫酸バリウムとして沈殿させ定量する．

【試薬】

① 0.1 M 塩化バリウム溶液
② 硫酸ニッケル(II)アンモニウム ［(NH$_4$)$_2$Ni(SO$_4$)$_2$·6H$_2$O，F.W.＝395.01］
③ その他の試薬：塩酸(1+1)，アンモニア水(1+1)

【操作】

　磁製るつぼをあらかじめ恒量化しておく．約0.5 gの硫酸ニッケル(II)アンモニウムを正確にはかり取り，500 cm^{3}ビーカーに移して約250 cm^{3}の蒸留水に溶解する．塩酸(1+1) 2 cm^{3}を加え，沸騰近くまで加熱する．試料溶液をよく撹拌しながら，加熱した0.1 M 塩化バリウム溶液を1滴ずつゆっくりと加え，沈殿を形成させる．上澄みに塩化バリウム溶液を加えても新たに沈殿を生じなくなったら，湯浴上で1〜2時間かけて沈殿を熟成する．冷却後，5種Cの定量分析用ろ紙を用いて沈殿をろ過する．熱湯を用いて壁に残った沈殿をろ紙上にすべて移し，洗液に塩化物イオンが検出されなくなるまで熱湯で沈殿を洗う．得られた沈殿をろ紙ごと磁製るつぼに移し，弱

火で乾燥し，定温で炭化・灰化する．900℃以下で加熱，放冷，秤量を繰り返して恒量化する．

【計算】

得られた硫酸バリウム($BaSO_4$, F.W.233.37)の質量をa(g)とすると，その中に含まれる硫酸イオンの質量は$a \times 96.07/233.37$となる．採取した硫酸ニッケル(II)アンモニウムの質量をb(g)とすると，質量の比（含有率）は$a/b \times 96.07/233.37 \times 100$%で与えられる．純粋な場合に期待される値48.64%と比較する．

4.6 沈殿滴定

水溶液中における沈殿生成反応を応用した滴定法が沈殿滴定である．応用例はあまり多くなく，実質的には銀塩の沈殿生成を用いる反応系だけと考えてよい．キレート滴定と同様に，当量点におけるpAgあるいはpXのジャンプを機器あるいは指示薬を用いて検出する．

4.6.1 滴定曲線

銀イオンを用いるハロゲン化物イオン（Cl^-，Br^-，I^-）および擬ハロゲン化物イオン（CN^-，SCN^-など）の滴定を例にして説明する．これらのイオンX^-をAg^+溶液で滴定すると，次式に従って沈殿が生成する．

$$Ag^+ + X^- \rightleftharpoons AgX(s) \tag{4.55}$$

このとき，銀およびハロゲン化物イオンについての物質収支は，次のように表わされる．

$$C_{Ag} = [AgX(s)] + [Ag^+] \tag{4.56}$$
$$C_X = [AgX(s)] + [X^-] \tag{4.57}$$

ここで生成する沈殿は溶液相とは別の固相を形成しているが，これを溶液中に均一に分散させたときに相当する濃度を$[AgX(s)]$で示す．また次の溶解度積が成立している．

$$K_{sp} = [Ag^+][X^-] \tag{4.58}$$

これらを組み合わせると滴定曲線を記述する式(4.60)が得られる．

$$C_{Ag} = C_X - [X^-] + [Ag^+] \tag{4.59}$$

$$a = \frac{C_{Ag}}{C_X} = 1 - \frac{K_{sp}}{C_X[Ag^+]} + \frac{[Ag^+]}{C_X} \tag{4.60}$$

当量点より前では，X^-が過剰で，Ag^+の濃度は低く保たれるので，第3項は無視することができ，滴定率と遊離の銀イオンの濃度との関係は次のようになる．

$$a = 1 - \frac{K_{sp}}{C_X[Ag^+]} \quad (4.61)$$

$$[Ag^+] = \frac{K_{sp}}{(1-a)C_X} \quad (4.62)$$

K_{sp} が小さいほど Ag^+ の濃度は低くなる。当量点（$a=1$）での銀濃度は式(4.63)のようになる。

$$[Ag^+] = K_{sp}^{1/2} \quad (4.63)$$

一方，当量点後は Ag^+ が過剰になるため，式(4.60)の第2項は無視することができ，滴定率と遊離の銀濃度との関係は次のようになる。

$$a = 1 + \frac{[Ag^+]}{C_X}$$

$$[Ag^+] = (a-1)C_X \quad (4.64)$$

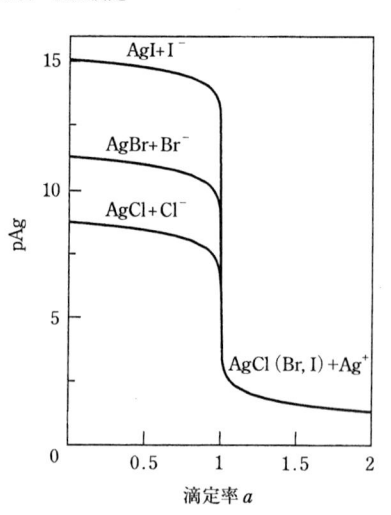

図 4.4 0.1 M $AgNO_3$ 溶液による 0.1 M NaX（X：Cl^-, Br^-, I^-）溶液の理論滴定曲線

この領域では，銀イオンの濃度は沈殿の性質（K_{sp}）に依存しない。これらの式を用いて滴定曲線を描くと図4.4のようになる。ここで縦軸には，中和滴定の場合の pH と同じように，$-\log[Ag^+] = pAg$ をとる。

4.6.2　終点指示法

被滴定液中に Ag^+ に応答する電極を挿入して，電位差を測定しながら滴定すれば，図4.4のような図が得られるので，作図あるいはコンピュータソフトを用いて終点を決定することができる。このほかに，化学反応を有効に利用した次のような終点指示法もある。

a.　リービッヒ（Liebig）法

指示薬を用いずに CN^- を Ag^+ で滴定する。当量点前では，加えた Ag^+ は過剰の CN^- と式(4.65)のように反応するが，半分をこえると式(4.66)の沈殿反応が進む。

$$Ag^+ + 2CN^- \rightleftharpoons Ag(CN)_2^- \quad (4.65)$$

$$Ag^+ + [Ag(CN)_2]^- \rightleftharpoons 2AgCN(s) \quad (4.66)$$

したがって，加えた Ag^+ による沈殿が初めて生成するところを判定すれば，終点を決定することができる。このときまでに消費した Ag^+ の2倍の CN^- が存在することになる。

b. モール(Mohr)法

K_2CrO_4 を指示薬として Cl^- を Ag^+ で滴定する．

$$Ag^+ + Cl^- \rightleftharpoons AgCl(s) \tag{4.67}$$

$$2Ag^+ + CrO_4^{2-} \rightleftharpoons Ag_2CrO_4(s) \tag{4.68}$$

Ag^+ を加えると，式(4.67)に従って，より難溶性の AgCl が優先的に沈殿するが，溶液中の Ag^+ の濃度は徐々に増加する．当量点では $[Ag^+] = [Cl^-] = 10^{-4.9}$ となる．指示薬の濃度を $[CrO_4^{2-}] = K_{sp}/[Ag^+]^2 = 10^{-2.1} = 0.008\,M$ となるように設定しておくと，この点で式(4.68)に従って，Ag^+ が CrO_4^{2-} と赤色の Ag_2CrO_4 の沈殿を形成するので，終点を判定することができる．実験4.3では終点付近で三角フラスコ内の全体積は最低 $41\,cm^3$，壁を洗うなどの作業に用いる蒸留水も考慮すれば，およそ $60\,cm^3$ となるので，クロム酸カリウムの濃度は $0.52\,M$ から希釈されておよそこのような濃度 ($0.008\,M$) になる．

ここで指示薬として用いているクロム(VI)酸カリウムは，酸化数が6のクロムで人体に特に有害であるので，系外に排出しないように注意しなければならない．また，可能な場合には，ファヤンス法などを用いることが推奨される．

c. フォルハルト(Volhardt)法

Fe^{3+} を指示薬として Ag^+ を SCN^- で滴定する．加えた SCN^- は式(4.69)に従って Ag^+ と優先的に反応して AgSCN の沈殿を形成するが，当量点をこえて SCN^- が過剰になると，式(4.70)によって赤色の錯体 $[Fe(SCN)_n]^{3-n}$ を生成するので，これを目安に終点を判定する．

$$Ag^+ + SCN^- \rightleftharpoons AgSCN(s) \tag{4.69}$$

$$Fe^{3+} + nSCN^- \rightleftharpoons Fe(SCN)_n^{3-n} \tag{4.70}$$

d. ファヤンス(Fajans)法

フルオレセインなどの吸着指示薬を用いて Ag^+ で滴定する．当量点より前では，陰イオンが過剰に存在して沈殿の表面に吸着しているために，陰イオン性の吸着指示薬は静電的な反発により吸着できない．一方，当量点を過ぎると Ag^+ が過剰となり沈殿の表面に吸着し，吸着指示薬も吸着する．この当量点後では，溶液の蛍光が消失し，沈殿の表面が赤に変色する．

4.7 沈殿滴定に関する実験

■ 実験 4.3 硝酸銀溶液による塩化物イオンの定量

塩化銀の沈殿生成反応を用いて塩化物イオンを定量する．
【試薬】
① 塩化ナトリウム標準溶液：一次標準物質の塩化ナトリウム（NaCl, F.W.＝58.44）を 500～700℃で乾燥し，1.65 g を 0.1 mg の桁まではかり取って 1 dm³ の蒸留水に溶解する．濃度は 0.028 M であり，塩化物イオンに関して 1 000 ppm となる．
② 硝酸銀溶液：硝酸銀（AgNO₃, F.W.＝169.91）をおよそ 4.8 g 取り，1 dm³ の蒸留水に溶解して，褐色びんに保存する．濃度は 0.028 M である．
③ クロム酸カリウム指示薬液：クロム酸カリウム（K₂CrO₄, F.W.＝194.20）の 10 g を少量の蒸留水に溶解し，硝酸銀溶液を加えてわずかに赤色沈殿を生成させた後，ろ過して 100 cm³ に希釈する．濃度は 0.52 M である．
④ 吸着指示薬：フルオレセインの 0.2 ％ アルコール溶液．
【操作】
● モール法
三角フラスコに，塩化ナトリウム標準溶液 20 cm³ とクロム酸カリウム指示薬 1 cm³ を取り，硝酸銀溶液で滴定する．白沈の量が増えるに従って，赤色沈殿の生成も認められるが，撹拌すると消失する．かき混ぜても赤味が消えなくなったところを終点とする．
● ファヤンス法
同様に滴定を行い，沈殿が白色から赤みを帯び，溶液の色が淡黄色から紅色に変わるところを終点とする．
【計算】
はかり取った塩化ナトリウムの質量を a(g) とすると，塩化ナトリウム標準溶液の正確な濃度は $C_{Cl}=a/58.44$ で与えられる．硝酸銀溶液の滴定値を V_{Ag}(cm³) とすると，正しい硝酸銀溶液の濃度は $20 \times C_{Cl}/V_{Ag}$ で求められる．この溶液を用いて同様の滴定を行うことにより，未知試料の塩化物イオンの定量を行うことができる．

5 章

酸化還元反応と酸化還元滴定

　古くは，物質が酸素を受け取る反応が酸化（oxidation），酸素を放出する反応が還元（reduction）として理解されていた．その後，物質が水素を放出する反応を酸化として，また水素を受け取る反応を還元として扱えることがわかってきた．これらを含めて，現在では，物質が電子を放出する反応を酸化，電子を受け取る反応を還元と定義する．酸化と還元は必ず対になって起こるので，これを強調する場合には，酸化還元反応（redox reaction）と呼ぶ．本章では，酸化還元平衡を定量的に取り扱う考え方を学び，それが酸化還元滴定にどのように利用されるかを理解する．

5.1　酸化と還元

　金属亜鉛を硫酸銅溶液に浸すと，次の反応が起こる．
$$Zn + Cu^{2+} \rightleftharpoons Zn^{2+} + Cu \tag{5.1}$$
ここで，亜鉛と銅それぞれについての反応は次のように書くことができる．
$$Zn^{2+} + 2\,e^- \rightleftharpoons Zn \tag{5.2}$$
$$Cu^{2+} + 2\,e^- \rightleftharpoons Cu \tag{5.3}$$
式(5.2)や式(5.3)のような電子を含む反応を酸化還元半反応と呼び，それぞれの式に含まれる化学種のうちで，酸化数の大きい方（Zn^{2+} あるいは Cu^{2+}）を酸化体（oxidized form），酸化数の小さい方（Zn あるいは Cu）を還元体（reduced form）と呼ぶ．また，Zn は Cu^{2+} を Cu に還元する還元剤（reducing agent），Cu^{2+} は Zn を Zn^{2+} に酸化する酸化剤（oxidizing agent）と呼ぶこともできる．Zn^{2+} と Zn および Cu^{2+} と Cu のような酸化体と還元体の組合せを共役

酸化還元対と呼び，Zn^{2+}/Zn や Cu^{2+}/Cu のように書き表わす．二つの酸化還元半反応を電子が消えるように差し引くことによって，一つの酸化還元反応式ができる．

　二つの酸化還元半反応で授受される電子の数が異なる場合には，移動する電子の数が同じになるように反応物質の量が変わる．たとえば Fe^{3+} と Sn^{2+} の間の酸化還元反応の場合には，各半反応は式(5.4)および式(5.5)である．

$$Fe^{3+} + e^- \rightleftharpoons Fe^{2+} \tag{5.4}$$

$$Sn^{4+} + 2\,e^- \rightleftharpoons Sn^{2+} \tag{5.5}$$

したがって，Sn^{2+} に対して2倍の物質量の Fe^{3+} が反応して，式(5.6)のような反応となる．

$$2\,Fe^{3+} + Sn^{2+} \rightleftharpoons 2\,Fe^{2+} + Sn^{4+} \tag{5.6}$$

　酸化数の大きい元素が関与する酸化還元半反応には，水素イオンが含まれるものが多い．たとえば，過マンガン酸イオンの酸性条件下での半反応は

$$MnO_4^- + 8\,H^+ + 5\,e^- \rightleftharpoons Mn^{2+} + 4\,H_2O \tag{5.7}$$

で表わされる．これは

$$MnO_4^- + 5\,e^- \rightleftharpoons Mn^{2+} + 4\,O^{2-} \tag{5.8}$$

という反応で，MnO_4^- から放出された O^{2-} を H_2O とするのに H^+ が必要だからである．

　半反応を二つ組み合わせることによって実際の反応式ができるという点で，電子の移動を扱う酸化還元反応は，プロトンの移動を扱う酸塩基反応（第2章）と似ている．酸の強さは

$$酸 \rightleftharpoons H^+ + 塩基 \tag{5.9}$$

という酸塩基半反応と

$$H_3O^+ \rightleftharpoons H^+ + H_2O \tag{5.10}$$

という水の共役酸（H_3O^+）の酸塩基半反応とを組み合わせてできる酸塩基反応

$$酸 + H_2O \rightleftharpoons H_3O^+ + 塩基 \tag{5.11}$$

の平衡定数（酸解離定数）を尺度とした．酸化還元反応では，酸化剤の強さは

$$酸化体 + n e^- \rightleftharpoons 還元体 \tag{5.12}$$

という酸化還元半反応と

$$2\,H^+ + 2\,e^- \rightleftharpoons H_2 \tag{5.13}$$

という標準水素電極（normal hydrogen electrode：NHE，9.1.2項参照）の酸化還元半反応とを組み合わせてできる酸化還元反応

$$\text{酸化体} + \frac{n}{2}\text{H}_2 \rightleftharpoons \text{還元体} + n\text{H}^+ \tag{5.14}$$

の電位を尺度とする．

5.2 ネルンストの式

一般的に，式(5.15)で示されるような n 個の電子移動を行う酸化還元対 Ox/Red が，不活性な電極との間で電子の授受を起こす電極電位 E は，式(5.16)のネルンストの式（Nernst equation）で与えられる．

$$\text{Ox} + n\text{e}^- \rightleftharpoons \text{Red} \tag{5.15}$$

$$E = E° + \frac{RT}{nF} \ln \frac{[\text{Ox}]}{[\text{Red}]} \tag{5.16}$$

ここで，R は気体定数（$8.314\,\text{J K}^{-1}\,\text{mol}^{-1}$），$T$ は絶対温度（K），F はファラデー定数（$96\,485\,\text{C mol}^{-1}$），[Ox] および [Red] はそれぞれ酸化体と還元体の濃度である．$E°$ は，[Ox] = [Red] = 1 M の場合の電位であり，標準酸化還元電位と呼ばれる．常用対数に直すと，式(5.16)は25°Cでは

$$E = E° + \frac{0.0592}{n} \log \frac{[\text{Ox}]}{[\text{Red}]} \tag{5.17}$$

となる．

式(5.14)で示される標準水素電極を基準とする標準酸化還元電位（$E°$/V vs. NHE）を付表5に示す．この標準酸化還元電位 $E°$ の値が大きいほど酸化体の酸化力が，小さいほど還元体の還元力が強い．したがって，大きな $E°$ の値を有する酸化体は，小さな $E°$ の値を有する還元体を酸化することができる．酸化還元半反応系には，次のようなものがある．

5.2.1 単体/イオン系

単体/イオン系の半反応の例として，ハロゲン単体（X_2）/ハロゲン化物イオン（X^-）系があげられる．その半反応は式(5.18)で，系の電位は式(5.19)で示される．

$$X_2 + 2\,\text{e}^- \rightleftharpoons 2\,X^- \tag{5.18}$$

$$E = E° + 0.0296 \log \frac{[X_2]}{[X^-]^2} \tag{5.19}$$

ここで，[X_2] はフッ素の場合には気体の圧力を，塩素，臭素，およびヨウ素の

場合には溶液中のそれぞれの濃度を表わす．一連の17族元素の標準酸化還元電位は，原子番号の増加とともに，次のように減少する：$F_2(E°=2.87\,V) > Cl_2(1.40) > Br_2(1.09) > I_2(0.62)$．フッ素はきわめて強い酸化剤で，高い反応性を示すのに対して，ヨウ素の酸化力は弱く，むしろヨウ化物イオンが空気中の酸素によって徐々にヨウ素に酸化される．

5.2.2 イオン/金属系

イオン/金属系の半反応の例として，銅イオン/銅系があげられる．その半反応は式(5.20)で，系の電位は式(5.21)で示される．

$$Cu^{2+} + 2\,e^- \rightleftharpoons Cu \tag{5.20}$$

$$E = 0.34 + 0.0296 \log[Cu^{2+}] \tag{5.21}$$

$[Cu^{2+}] = 1\,M$ では，式(5.21)の第2項が0となるので，$E = 0.34\,V$ である．その Cu^{2+} の99％が還元されて $[Cu^{2+}] = 0.01\,M$ になっても，$E = 0.28\,V$ まで下がるだけであるが，たとえば $10^{-20}\,M$ のように低濃度になると，$E = -0.25\,V$ と著しく減少する．

以下に示すイオン化傾向 (ionization tendency) は，このイオン/金属系の標準酸化還元電位を低い方から順に並べたものである．

K > Ca > Na > Mg > Al > Zn > Fe > Ni > Sn > Pb > H > Cu > Hg > Ag > Pt > Au

この中で，Auの酸化体である Au^+ は最も酸化力が強い．一方，K^+ は最も酸化力が弱く，その還元体であるKは最も還元力が強い．

5.2.3 イオン/イオン系

イオン/イオン系の半反応の例として，Fe^{3+}/Fe^{2+} 系があげられる．その半反応は式(5.22)，電位は式(5.23)で示される．

$$Fe^{3+} + e^- \rightleftharpoons Fe^{2+} \tag{5.22}$$

$$E = 0.77 + 0.0592 \log \frac{[Fe^{3+}]}{[Fe^{2+}]} \tag{5.23}$$

第一遷移系列の金属イオンの M^{3+}/M^{2+} 系では，$Mn^{3+}(E°=1.5\,V)$ と $Co^{3+}(1.92\,V)$ が強い酸化剤であるのに対して，$V^{2+}(-0.255\,V)$ と $Cr^{2+}(-0.424\,V)$ は強い還元剤である．Fe^{3+}/Fe^{2+} 系は酸化剤としても還元剤としても中程度の力をもつ．大気と平衡にある水溶液中では，溶存酸素による酸化のために，鉄は Fe^{3+} として存在する．

また，式(5.7)で示される酸性条件での過マンガン酸イオンの半反応に対する電位は，式(5.24)で示される．

$$E = 1.51 + \frac{0.0592}{5} \log \frac{[\mathrm{MnO_4^-}][\mathrm{H^+}]^8}{[\mathrm{Mn^{2+}}]} \tag{5.24}$$

したがって，水素イオン濃度の増加に伴って，過マンガン酸イオンの酸化力は急激に強くなる．一方，中性条件での過マンガン酸イオンの半反応は式(5.25)で，系の電位は式(5.26)で表わされる．

$$\mathrm{MnO_4^-} + 4\,\mathrm{H^+} + 3\,\mathrm{e^-} \rightleftharpoons \mathrm{MnO_2} + 2\,\mathrm{H_2O} \tag{5.25}$$

$$E = 1.70 + \frac{0.0592}{3} \log([\mathrm{MnO_4^-}][\mathrm{H^+}]^4) \tag{5.26}$$

5.3 酸化還元反応

式(5.27)で示される $\mathrm{Fe^{2+}}$ と $\mathrm{Ce^{4+}}$ の間の酸化還元反応を例にとり，その平衡について考えてみる．

$$\mathrm{Fe^{2+}} + \mathrm{Ce^{4+}} \rightleftharpoons \mathrm{Fe^{3+}} + \mathrm{Ce^{3+}} \tag{5.27}$$

この反応に関与する半反応は，式(5.28)および式(5.29)で示され，

$$\mathrm{Ce^{4+}} + \mathrm{e^-} \rightleftharpoons \mathrm{Ce^{3+}} \tag{5.28}$$

$$\mathrm{Fe^{3+}} + \mathrm{e^-} \rightleftharpoons \mathrm{Fe^{2+}} \tag{5.29}$$

それぞれの反応に対するネルンストの式は，式(5.30)および式(5.31)で示される．

$$E_{\mathrm{Ce}} = 1.72 + 0.0592 \log \frac{[\mathrm{Ce^{4+}}]}{[\mathrm{Ce^{3+}}]} \tag{5.30}$$

$$E_{\mathrm{Fe}} = 0.77 + 0.0592 \log \frac{[\mathrm{Fe^{3+}}]}{[\mathrm{Fe^{2+}}]} \tag{5.31}$$

$\mathrm{Fe^{2+}}$ と $\mathrm{Ce^{4+}}$ を混合すると，式(5.27)の反応が右辺に進んで，$E_{\mathrm{Ce}} = E_{\mathrm{Fe}}$ という平衡状態に達する．したがって，

$$1.72 + 0.0592 \log \frac{[\mathrm{Ce^{4+}}]}{[\mathrm{Ce^{3+}}]} = 0.77 + 0.0592 \log \frac{[\mathrm{Fe^{3+}}]}{[\mathrm{Fe^{2+}}]}$$

となり，これを変形することにより，式(5.27)の反応の平衡定数(K)は

$$\log \frac{[\mathrm{Fe^{3+}}][\mathrm{Ce^{3+}}]}{[\mathrm{Fe^{2+}}][\mathrm{Ce^{4+}}]} = \log K = \frac{1.72 - 0.77}{0.0592} = 16.0 \tag{5.32}$$

と算出される．

一般に，式(5.33)および式(5.34)で表わされる二組みの酸化還元対 Ox_1/Red_1 と Ox_2/Red_2 の間の酸化還元反応は式(5.35)で，その平衡定数(K)は式(5.36)で与えられる．

$$Ox_1 + me^- \rightleftharpoons Red_1 \qquad (5.33)$$

$$Ox_2 + ne^- \rightleftharpoons Red_2 \qquad (5.34)$$

$$nRed_1 + mOx_2 \rightleftharpoons nOx_1 + mRed_2 \qquad (5.35)$$

$$mn\frac{E_2^\circ - E_1^\circ}{0.0592} = \log\frac{[Ox_1]^n[Red_2]^m}{[Red_1]^n[Ox_2]^m} = \log K \qquad (5.36)$$

酸化還元反応の平衡定数は，二つの標準酸化還元電位（E_1°, E_2°）と関与する電子の数（m, n）から求めることができ，$E_2^\circ > E_1^\circ$ であれば，$\log K > 0$ すなわち $K > 1$ であり，反応は右に偏る．

たとえば，10^{-3} M の Fe^{2+} と Ce^{4+} を反応させた場合，反応しないで残る Fe^{2+} と Ce^{4+} の濃度は同じであるので，これを y(M) とすると，

$$10^{16.0} = \frac{(10^{-3} - y)^2}{y^2} \qquad y = 10^{-11.0}$$

となり，式(5.27)はほぼ完全に右に進むことがわかる．このとき，各酸化還元対の電位は

$$E_{Ce} = 1.72 + 0.0592 \log\frac{10^{-11.0}}{10^{-3}} = 1.25 \text{ V}$$

$$E_{Fe} = 0.77 + 0.0592 \log\frac{10^{-3}}{10^{-11.0}} = 1.25 \text{ V}$$

であり，Ce では酸化体の，Fe では還元体の濃度を減少させることで，1.25 V になっていることがわかる．

また，10^{-3} M の Fe^{2+} と 0.5×10^{-3} M の Ce^{4+} を反応させた場合には，反応しないで残る Ce^{4+} を z(M) とすると，残る Fe^{2+} の濃度はもともと過剰であった分を加えて $(z + 0.5 \times 10^{-3})$ M となり，生成する Fe^{3+} と Ce^{3+} は同量で $(0.5 \times 10^{-3} - z)$ M となる．したがって

$$10^{16.0} = \frac{(0.5 \times 10^{-3} - z)^2}{(0.5 \times 10^{-3} + z)z} \qquad z = 10^{-19.3}$$

と得られる．このとき，各酸化還元対の電位は

$$E_{Ce} = 1.72 + 0.0592 \log\frac{10^{-19.3}}{0.5 \times 10^{-3}} = 0.77 \text{ V}$$

$$E_{Fe} = 0.77 + 0.0592 \log \frac{0.5 \times 10^{-3}}{0.5 \times 10^{-3}} = 0.77 \text{ V}$$

のようにして，特に Ce が酸化体の濃度を減少させることで，0.77 V になっていることがわかる．

5.4 酸化還元反応に対する他の反応の影響

酸化還元対の一方あるいは両方が，酸塩基，錯形成，沈殿生成などの他の反応にも関与する場合には，その系の酸化還元電位は，pH，錯形成試薬および沈殿試薬の種類や濃度などによって影響を受ける．

鉄を例にとって説明する．鉄には通常 Fe^{3+}, Fe^{2+}, Fe の三つの酸化状態があり，その酸化還元半反応は，式(5.37)および式(5.38)で，それぞれに対するネルンストの式は式(5.39)および式(5.40)で表わされる．

$$Fe^{3+} + e^- \rightleftharpoons Fe^{2+} \tag{5.37}$$

$$Fe^{2+} + 2e^- \rightleftharpoons Fe \tag{5.38}$$

$$E = 0.77 + 0.0592 \log \frac{[Fe^{3+}]}{[Fe^{2+}]} \tag{5.39}$$

$$E = -0.44 + \frac{0.0592}{2} \log[Fe^{2+}] \tag{5.40}$$

Fe^{3+} や Fe^{2+} に上記のような副反応がある場合，その全濃度（$C_{Fe^{3+}}$ および $C_{Fe^{2+}}$）と遊離の濃度との関係は，それぞれ次のように表わすことができる．

$$[Fe^{3+}] = \frac{C_{Fe^{3+}}}{\alpha_{Fe^{3+}}} \tag{5.41}$$

$$[Fe^{2+}] = \frac{C_{Fe^{2+}}}{\alpha_{Fe^{2+}}} \tag{5.42}$$

ここで，$\alpha_{Fe^{3+}}$ および $\alpha_{Fe^{2+}}$ はそれぞれ Fe^{3+} および Fe^{2+} の副反応係数を表わす．これを式(5.39)および式(5.40)に代入すると

$$E = 0.77 - 0.0592 \log \frac{\alpha_{Fe^{3+}}}{\alpha_{Fe^{2+}}} + 0.0592 \log \frac{C_{Fe^{3+}}}{C_{Fe^{2+}}} \tag{5.43}$$

$$E = -0.44 - \frac{0.0592}{2} \log \alpha_{Fe^{2+}} + \frac{0.0592}{2} \log C_{Fe^{2+}} \tag{5.44}$$

となる．ここで，式(5.43)および式(5.44)右辺の第2項は，pH，錯形成試薬および沈殿試薬の種類や濃度によって決まる値であり，これらの条件が決まれば一定になる．したがって，式(5.43)の第1項と第2項との和を条件酸化還元電位(conditional redox potential：$E°'$)ということができ，その条件での3価鉄全体と2価鉄全体の濃度の比率($C_{Fe^{3+}}/C_{Fe^{2+}}$)を予測するのに用いることができる．

5.4.1 酸塩基反応の影響

たとえば，pHが十分に低い領域では，式(5.39)に従う電位が実際に観測される．しかしながら，pHが少し上昇すると，Fe^{3+}が式(5.45)に従って加水分解して沈殿し，その濃度は式(5.46)の溶解度積によって与えられる．一方，Fe^{2+}はアクアイオンとして存在する．

$$Fe^{3+} + 3\,OH^- \rightleftharpoons Fe(OH)_3 \tag{5.45}$$

$$K_{sp} = [Fe^{3+}][OH^-]^3 = 10^{-40} \tag{5.46}$$

このとき3価と2価の鉄の酸化還元電位は式(5.43)と式(5.46)を組み合わせて

$$\begin{aligned} E &= 0.77 + 0.0592 \log \frac{10^{-40}}{[OH^-]^3[Fe^{2+}]} \\ &= (E°)' + 0.0592 \log \frac{1}{[Fe^{2+}]} \end{aligned} \tag{5.47}$$

$$(E°)' = 0.89 - 3 \times 0.0592\,pH \tag{5.48}$$

と表わされる．対応する酸化還元反応は式(5.49)で示され，

$$Fe(OH)_3 + e^- \rightleftharpoons Fe^{2+} + 3\,OH^- \tag{5.49}$$

pHが上昇するにつれて条件酸化還元電位は減少し，3価鉄がより安定に存在できるようになる．

さらにpHが上昇すると，式(5.50)に従うFe^{2+}の加水分解が，式(5.39)および式(5.40)のいずれにも影響を及ぼす．

$$Fe^{2+} + 2\,OH^- \rightleftharpoons Fe(OH)_2 \qquad K_{sp} = 10^{-15} \tag{5.50}$$

これらを総合すると，標準水素電極を基準とする電位とpHの関係は図5.1のようになる．これを鉄の状態図とよび，直線で囲まれた領域では，記載された化学種が安定に存在することを示している．

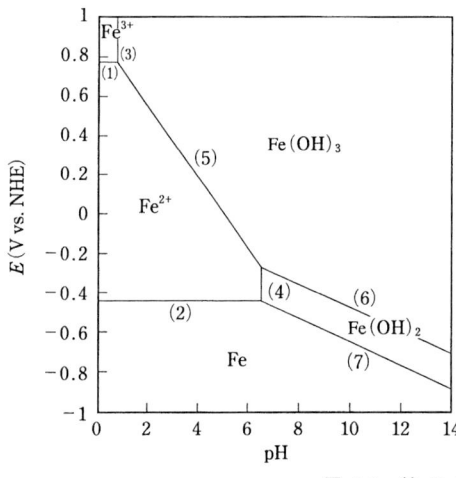

(1) $Fe^{3+} + e^- \rightleftharpoons Fe^{2+}$, $E° = 0.77$
(2) $Fe^{2+} + 2e^- \rightleftharpoons Fe$, $E° = -0.44$
(3) $Fe^{3+} + 3OH^- \rightleftharpoons Fe(OH)_3$,
   $\log K_{sp} = -40.0$
   $[Fe^{3+}] = 1M$ の場合, $pH = 0.7$
(4) $Fe^{2+} + 2OH^- \rightleftharpoons Fe(OH)_2$,
   $\log K_{sp} = -15.0$
   $[Fe^{2+}] = 1M$ の場合, $pH = 6.5$
(5) $Fe(OH)_3 + 3H^+ + e^- \rightleftharpoons Fe^{2+} + 3H_2O$
   $[Fe^{2+}] = 1M$ の場合, $0.7 < pH < 6.5$
   で $E = 0.89 - 3 \times 0.0592 \times pH$
(6) $Fe(OH)_3 + H^+ + e^- \rightleftharpoons Fe(OH)_2 + H_2O$
   $pH > 6.5$ で $E = 0.12 - 0.0592 \times pH$
(7) $Fe(OH)_2 + 2H^+ + 2e^- \rightleftharpoons Fe + 2H_2O$
   $pH > 6.5$ で $E = -0.06 - 0.0592 \times pH$

図 5.1 鉄の状態図

5.4.2 錯形成反応の影響

十分に高濃度のシアン化物イオンが存在すると，3価および2価の鉄はいずれもヘキサシアノ錯体となるが，このとき式(5.41)および式(5.42)の副反応係数は

$$\alpha_{Fe^{3+}(CN)} = \beta_{6,Fe^{3+}}[CN^-]^6 = 10^{31}[CN^-]^6 \qquad (5.51)$$

$$\alpha_{Fe^{2+}(CN)} = \beta_{6,Fe^{2+}}[CN^-]^6 = 10^{24}[CN^-]^6 \qquad (5.52)$$

で表わされる．ここで，$\beta_{6,Fe^{3+}}$ および $\beta_{6,Fe^{2+}}$ は，それぞれ $[Fe(CN)_6]^{3-}$ および $[Fe(CN)_6]^{4-}$ の全生成定数を表わす．これを式(5.43)に代入すると，式(5.53)および式(5.54)のようになる．

$$E = (E°)' + 0.0592 \log \frac{[Fe(CN)_6^{3-}]}{[Fe(CN)_6^{4-}]} \qquad (5.53)$$

$$(E°)' = 0.77 + 0.0592 \log \frac{\beta_{6,Fe^{2+}}}{\beta_{6,Fe^{3+}}} = 0.36 \, V \qquad (5.54)$$

この場合，反応条件としての$[CN^-]$は互いに打ち消しあうので，$(E°)'$は式(5.54)のように定数となり，式(5.55)の半反応の標準酸化還元電位ということもできる．

$$Fe(CN)_6^{3-} + e^- \rightleftharpoons Fe(CN)_6^{4-} \qquad (5.55)$$

一般に，酸化体の方が酸解離，錯形成などの副反応を起こしやすいため，これらの反応が関与すると，その系の酸化力は低下する場合が多い．しかしながら，

1,10-フェナントロリン共存下では，Fe^{2+} の方が安定なトリス錯体を生成するため，$(E°)' = 1.13\ V$ となって，むしろ酸化力が強くなる．

5.4.3 沈殿生成反応の影響

Cu^{2+}/Cu^+ 系の酸化力は，式(5.56)で示すように，$0.16\ V$ と比較的弱い．

$$Cu^{2+} + e^- \rightleftharpoons Cu^+$$

$$E = 0.16 + 0.0592 \log \frac{[Cu^{2+}]}{[Cu^+]} \tag{5.56}$$

しかし，I^- 共存下では Cu^+ が式(5.57)に従って難溶性の沈殿を形成する．

$$K_{sp} = [Cu^+][I^-] = 10^{-12.3} \tag{5.57}$$

このために，実質的な半反応は式(5.58)のようになる．式(5.56)に式(5.57)を代入して得られる式(5.59)が示すように，酸化還元電位は $0.89\ V$ となり，酸化力が著しく強まる．

$$Cu^{2+} + e^- + I^- \rightleftharpoons CuI \tag{5.58}$$

$$E = 0.89 + 0.0592 \log ([Cu^{2+}][I^-]) \tag{5.59}$$

実験5.1ではこの酸化力を利用して銅を定量している．

5.4.4 溶媒としての水の影響

以上述べてきたのは，いずれも水溶液中での反応であるが，溶媒としての水も酸化還元反応の反応物質となりうる．水の還元の半反応は式(5.60)のように示され，この反応に水の自己プロトリシス平衡を考慮すると式(5.60′)となり，その電位は式(5.61)で与えられる．

$$2\ H_2O + 2\ e^- \rightleftharpoons H_2 + 2\ OH^- \tag{5.60}$$

$$2\ H^+ + 2\ e^- \rightleftharpoons H_2 \tag{5.60′}$$

$$\begin{aligned} E &= 0 + 0.0295 \log \frac{[H^+]^2}{P_{H_2}} \\ &= -0.0592\ pH - 0.0295 \log P_{H_2} \end{aligned} \tag{5.61}$$

一方，水の酸化の半反応は式(5.62)，電位は式(5.63)で表わされる．

$$O_2 + 4\ H^+ + 4\ e^- \rightleftharpoons 2\ H_2O \tag{5.62}$$

$$\begin{aligned} E &= 1.23 + 0.0148 \log P_{O_2}[H^+]^4 \\ &= 1.23 - 0.0592\ pH - 0.0148 \log P_{O_2} \end{aligned} \tag{5.63}$$

ここで，P_{H_2} および P_{O_2} は，それぞれ水素ガスおよび酸素ガスの分圧を示す．$P_{H_2} = P_{O_2} = 1\ atm$ の場合の電位～pH 図を作成すると図5.2のようになる．二つの直線で挟まれた電位間でのみ，水が安定に存在でき（これを電位の窓，poten-

図 5.2 水の状態図

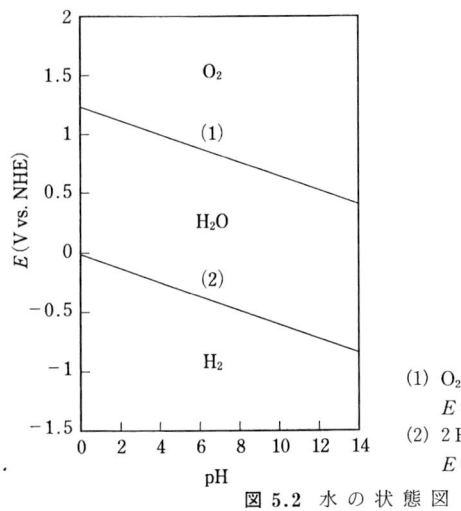

(1) $O_2 + 4H^+ + 4e^- \rightleftharpoons 2H_2O$,
$E = 1.23 - 0.0592\,pH$
(2) $2H^+ + 2e^- \rightleftharpoons H_2$,
$E = -0.0592\,pH$

tial window と呼ぶ），他の物質の酸化還元電位が測定可能ということになる．しかしながら，この範囲を逸脱した酸化力をもつ過マンガン酸イオンやセリウム(IV)の水溶液が安定に存在したり，この範囲をこえた還元力をもつ金属亜鉛が，希薄な酸溶液中で反応することなく存在したりする．これは，水との間の酸化還元反応の速度がきわめて遅いためである．

5.5 酸化還元滴定

5.5.1 滴定曲線

試料としての Fe^{2+} 溶液を Ce^{4+} の標準溶液で酸化還元滴定する場合を例にして説明する．5.3節で述べたように，関与する反応，標準酸化還元電位および平衡定数は次式で与えられる．

$$Fe^{2+} + Ce^{4+} \rightleftharpoons Fe^{3+} + Ce^{3+} \tag{5.27}$$

$$Ce^{4+} + e^- \rightleftharpoons Ce^{3+} \tag{5.28}$$

$$Fe^{3+} + e^- \rightleftharpoons Fe^{2+} \tag{5.29}$$

$$E_{Ce} = 1.72 + 0.0592 \log \frac{[Ce^{4+}]}{[Ce^{3+}]} \tag{5.30}$$

$$E_{Fe} = 0.77 + 0.0592 \log \frac{[Fe^{3+}]}{[Fe^{2+}]} \tag{5.31}$$

$$K = \frac{[Fe^{3+}][Ce^{3+}]}{[Fe^{2+}][Ce^{4+}]} = 10^{16.0} \tag{5.32}$$

また,それぞれの酸化還元対についての物質収支から,式(5.64)および式(5.65)が成り立つ.

$$C_{Ce} = [Ce^{4+}] + [Ce^{3+}] \tag{5.64}$$

$$C_{Fe} = [Fe^{3+}] + [Fe^{2+}] \tag{5.65}$$

Fe^{2+} と Ce^{4+} の反応によって,同じ物質量の Fe^{3+} と Ce^{3+} が生成するので,滴定中はいつも式(5.66)が成立する.

$$[Ce^{3+}] = [Fe^{3+}] \tag{5.66}$$

これを,式(5.32)に代入すると

$$[Ce^{4+}] = \frac{[Fe^{3+}]^2}{K[Fe^{2+}]}$$

となる.このとき,滴定率 a は

$$\begin{aligned}
a &= \frac{C_{Ce}}{C_{Fe}} = \frac{[Ce^{4+}] + [Ce^{3+}]}{[Fe^{3+}] + [Fe^{2+}]} \\
&= \frac{[Fe^{3+}]}{[Fe^{3+}] + [Fe^{2+}]} + \frac{1}{[Fe^{3+}] + [Fe^{2+}]}\left(\frac{[Fe^{3+}]^2}{K[Fe^{2+}]}\right) \\
&= \frac{X}{(1+X)} + \frac{X^2}{K(1+X)}
\end{aligned} \tag{5.67}$$

と表わされる.ここで, $X = [Fe^{3+}]/[Fe^{2+}]$ とする.当量点前では $X < 1$ なので,式(5.67)の第2項は小さく,次のように近似される.

$$a = \frac{X}{1+X} \quad \text{あるいは} \quad X = \frac{a}{1-a}$$

したがって,系の電位は

$$\begin{aligned}
E &= E_{Fe}° + 0.0592 \log X \\
&= E_{Fe}° + 0.0592 \log \frac{a}{1-a}
\end{aligned} \tag{5.68}$$

で与えられる.当量点付近では, $X \gg 1$ なので

$$a = 1 - \frac{1}{X} + \frac{X}{K} \tag{5.69}$$

と表わされる.たとえば,当量点 ($a=1$) では

$$X = K^{1/2} \tag{5.70}$$

であり,その電位は

$$E = E_{Fe}° + 0.0592 \log K^{1/2} = E_{Fe}° + \frac{0.0592}{2} \times \frac{E_{Ce}° - E_{Fe}°}{0.0592}$$
$$= \frac{E_{Ce}° + E_{Fe}°}{2} = \frac{0.77 + 1.72}{2} = 1.25 \text{ V} \tag{5.71}$$

となる.当量点後はさらに近似することができ

$$a = 1 + \frac{X}{K} \qquad X = K(a-1)$$

その電位は

$$E = E_{Fe}° + 0.0592 \log\{K(a-1)\}$$
$$= E_{Fe}° + 0.0592 \times \frac{E_{Ce}° - E_{Fe}°}{0.0592} + 0.0592 \log(a-1)$$
$$= E_{Ce}° + 0.0592 \log(a-1) \tag{5.72}$$

式(5.68),式(5.71)および式(5.72)を用いて,滴定中の電位の変化を予測することができ,$E \sim a$ 図として滴定曲線を表現することができる(図5.3).

5.5.2 終点指示法

上述の酸化還元滴定で,試料溶液中に白金電極と参照電極を浸してその電位を読みとれば,図5.3のような滴定曲線を得ることができる.最も電位のジャンプの大きい滴下体積を読みとることによって,終点を決定することができる(実験5.3).

簡便には,酸化還元指示薬(redox indicator)を用いる目視法が適している.

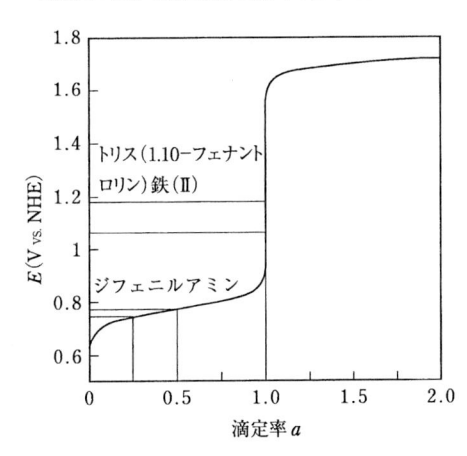

図 5.3 Ce(IV)によるFe(II)の滴定曲線と指示薬の変色域

酸化還元指示薬には，それ自身が式(5.73)で示されるような酸化還元反応を起こすとともに，酸化体 (I_{Ox}) と還元体 (I_{Red}) の色が異なるような試薬を用いる．

$$I_{Ox} + ne^- \rightleftharpoons I_{Red} \tag{5.73}$$

一般に指示薬の変色を目視で認識できるのは

$$0.1 < \frac{[I_{Ox}]}{[I_{Red}]} < 10 \tag{5.74}$$

であり，対応する電位域で示すと

$$E° - \frac{0.0592}{n} < E < E° + \frac{0.0592}{n} \tag{5.75}$$

となる．

　図5.3から明らかなように，ジフェニルアミンは $0.76 \pm 0.02\,\mathrm{V}$ で変色するので，この反応に用いると当量点よりはるか前で変色してしまう．一方，トリス(1,10-フェナントロリン)鉄(II)は $1.12 \pm 0.06\,\mathrm{V}$ と，当量点に近い電位で変色するので，終点を正しく判定することができる．

　このほかに，過マンガン酸カリウムによる滴定のように，滴定剤自体による呈色を利用したり，実験5.1および実験5.2のように，ヨウ素-デンプン反応を利用したりする場合もある．

5.5.3　前処理としての酸化還元反応

　酸化還元滴定を行うに先立って，目的成分を酸化あるいは還元して，一定の酸化状態に揃える作業を行うことがある．たとえば，Fe^{3+} と Fe^{2+} を含む試料について，それぞれを定量（分別定量）する場合には，酸化剤を用いて Fe^{2+} を，還元剤を用いて Fe^{3+} を滴定することが可能である．しかしながら，前処理を組み合わせることで，一方の滴定法だけを用いることも可能である．この試料溶液を亜鉛アマルガムと接触させると，Fe^{3+} が Fe^{2+} に還元される．過剰の亜鉛アマルガムを除いた後に，この溶液を酸化剤で滴定すれば，鉄の総量（$[Fe^{3+}]$＋$[Fe^{2+}]$）を求めることができる．前処理を行うことなく滴定すれば，$[Fe^{2+}]$ がわかるので，その差から $[Fe^{3+}]$ の量も知ることができる．

　このような方法を用いる場合には，試料の酸化状態を揃えるに十分な酸化力あるいは還元力を有する試薬を過剰に加えること，反応後にその過剰分を除去できることが必要である．代表的な予備酸化剤および予備還元剤を表5.1に示す．

表 5.1 試料の予備酸化および還元法

	前処理に用いる酸化還元半反応 実用例	条件 過剰の試薬の除去法
予備酸化剤		
ペルオキソ二硫酸塩	$S_2O_8^{2-}+2e^- \longrightarrow 2SO_4^{2-}$ $Ce(III) \to Ce(IV), Cr(III) \to Cr(VI), Mn(II) \to Mn(VI)$	Ag^+ 共存下,酸性 煮沸による分解
過酸化水素	$H_2O_2+2H^++2e^- \longrightarrow 2H_2O$ $Cr(III) \to Cr(VI), Fe(II) \to Fe(III)$	アルカリ性 煮沸による分解
ビスマス酸ナトリウム	$NaBiO_3(s)+6H^++2e^- \longrightarrow Bi^{3+}+Na^++3H_2O$ $Ce(III) \to Ce(IV), Mn(II) \to Mn(VI)$	酸性 ろ過による除去
酸化銀(II)	$AgO+2H^++e^- \longrightarrow Ag^++H_2O$ $Ce(III) \to Cr(VI), Cr(III) \to Cr(VI), Mn(II) \to Mn(VI)$	酸性 煮沸による分解
予備還元剤		
二酸化硫黄	$SO_2+2H_2O \longrightarrow SO_4^{2-}+4H^++2e^-$ $As(V) \to As(III), Sb(V) \to Sb(III), V(V) \to V(IV)$	酸性 煮沸による除去など
塩化スズ	$Sn(II) \longrightarrow Sn(IV)+2e^-$ $As(V) \to As(III), Fe(III) \to Fe(II)$	酸性 $HgCl_2$ で酸化
亜鉛アマルガム	$Zn \longrightarrow Zn^{2+}+2e^-$ $Cr(III) \to Cr(II), Fe(III) \to Fe(II), V(V) \to V(II)$	酸性 ジョーンズ還元器

5.6 酸化還元滴定に関する実験

■ 実験 5.1 ヨウ素酸カリウムによるチオ硫酸ナトリウム溶液の標定

還元剤として利用するチオ硫酸ナトリウム溶液は安定ではないので,ヨウ素酸カリウムを一次標準物質として標定する.式(5.76)に示すように,酸性溶液中でヨウ化物イオンとの反応により三ヨウ化物イオン(実質的にはヨウ素)を発生させ,これを酸化剤として用いることによって,式(5.77)で表される滴定を行う.

$$IO_3^- + 8I^- + 6H^+ \rightleftharpoons 3I_3^- + 3H_2O \tag{5.76}$$

$$I_3^- + 2S_2O_3^{2-} \rightleftharpoons 3I^- + S_4O_6^{2-} \tag{5.77}$$

全体の反応は式(5.78)で表わされ,ヨウ素酸イオンとチオ硫酸イオンとの反応比は 1:6 となる.

$$IO_3^- + 6S_2O_3^{2-} + 6H^+ \rightleftharpoons I^- + 3S_4O_6^{2-} + 3H_2O \tag{5.78}$$

ヨウ化物イオンを過剰に加えてヨウ素を三ヨウ化物イオンとすることにより,ヨウ素の大気中への散逸を起こりにくくする.ヨウ素-デンプン反応を終点指示に用いる.

【試薬】

① 0.01 M チオ硫酸ナトリウム溶液:チオ硫酸ナトリウム 5 水和物 1.5 g を 600 cm³ の蒸留水に溶かす.CO_2 の溶解によって起こる分解($S_2O_3^{2-}+H^+ \rightleftharpoons HSO_3^-+S$)

を防ぐために，0.1 % となるように Na_2CO_3 を加える．

② $3.3×10^{-3}$ M ヨウ素酸カリウム標準溶液：120 °C で 1 時間乾燥した一次標準物質ヨウ素酸カリウム 0.18 g を，0.1 mg の桁まではかり取って水に溶かし，メスフラスコで 250 cm³ とする．

③ ヨウ化カリウム溶液：ヨウ化カリウム 500 g を蒸留水 1 dm³ に溶解する．

④ 3 M 塩酸溶液

⑤ デンプン溶液：デンプン 1 g に約 20 cm³ の水を加えてかき混ぜる．これを熱水 60 cm³ 中にかき混ぜながら加える．加え終わってから約 1 分間煮沸し，放冷した後，塩化ナトリウム 20 g を溶解させ，100 cm³ にする．

【操作】

ヨウ化カリウム溶液 1 cm³，蒸留水 100 cm³，3 M HCl 1 cm³ をコニカルビーカーに取り，これにヨウ素酸カリウム標準溶液 10 cm³ をホールピペットで加え，直ちにチオ硫酸ナトリウム溶液で滴定する．溶液の色が赤褐色から薄い黄色に変わったら，デンプン溶液 1 cm³ を加えて未反応のヨウ素を青く呈色させ，その色が消えるまで滴定を続ける．

【計算】

チオ硫酸ナトリウム溶液の濃度 $C_{S_2O_3}$ は

$$C_{S_2O_3} = \frac{6 \times C_{IO_3} \times 10}{V}$$

から計算する．ここで C_{IO_3} はヨウ素酸カリウム標準溶液の濃度，V は滴定に要したチオ硫酸ナトリウム溶液の体積（cm³）である．

■ 実験 5.2　チオ硫酸ナトリウム溶液による銅(II)の定量

銅(II)は弱酸性溶液中で式(5.79)に従って，ヨウ化物イオンと反応して，CuI の白色沈殿を生成するとともに当量のヨウ素を遊離する．

$$2\,Cu^{2+} + 5\,I^- \rightleftharpoons 2\,CuI + I_3^- \tag{5.79}$$

このヨウ素をチオ硫酸ナトリウム溶液で滴定することにより，銅を間接的に定量することができる（置換あるいは間接滴定）．全体の反応は式(5.80)で示されるので，銅(II)とチオ硫酸ナトリウムとの反応比は 1：1 となる．

$$2\,Cu^{2+} + 2\,S_2O_3^{2-} + 2\,I^- \rightleftharpoons 2\,CuI + S_4O_6^{2-} \tag{5.80}$$

【試薬】

① チオシアン酸カリウム溶液：チオシアン酸カリウム 100 g を蒸留水 200 cm³ に溶解する．

② 0.01 M チオ硫酸ナトリウム溶液，ヨウ化カリウム溶液およびデンプン溶液は実験 5.1 と同じものを用いる．

【操作】

ヨウ化カリウム溶液 4 cm³，蒸留水 100 cm³ をコニカルビーカーに取り，これに試料溶液 10 cm³（銅として 10〜15 mg を含む）をホールピペットで加え，チオ硫酸ナトリウム溶液で滴定する．溶液の色が赤褐色から薄い黄色に変わった時点で，チオシアン酸カリウム溶液を 2 cm³ 加えてしばらく混合する．この操作により，CuI の沈殿の表面がより難溶性の CuSCN に置換され，CuI の沈殿に吸着していた I_3^- が溶液中に遊離するので，終点での変色をシャープにさせることができる．デンプン溶液 1 cm³ を加えて滴定を続け，青色の消える点を終点とする．

【計算】

試料溶液中の銅濃度 C_{Cu}(M) は

$$C_{Cu} = \frac{C_{S_2O_3} \times V}{10}$$

から計算する．ここで $C_{S_2O_3}$ はチオ硫酸ナトリウム標準溶液の濃度，V は滴定に要したチオ硫酸ナトリウム溶液の体積（cm³）である．

■ 実験 5.3　セリウム(IV)溶液による Fe(II) の電位差滴定

酸化還元滴定中の電位の変化を実測する．

【試薬】

① セリウム(IV)溶液：硫酸セリウム(IV)四水和物 4.0 g を 1 M 硫酸に溶解して 1 dm³ とする．

② 鉄(II)溶液：硫酸鉄(II)七水和物 2.8 g を 1 M 硫酸に溶解して 1 dm³ とする．

【操作】

50 cm³ のビーカーに，鉄(II)溶液 20 cm³ をホールピペットで取り，撹拌子を入れ，銀-塩化銀参照電極と白金電極を挿入する．ビュレットからセリウム(IV)溶液を滴下しながら，電位差計で両極間の電位差を測定する．当量点付近では少量ずつ滴下する．参照電極の電位を考慮して，図 5.3 の計算曲線と比較する．

6章

溶 媒 抽 出 法

　溶媒抽出法は，互いに混じりあわない2種の溶媒間（ほとんどの場合が水と有機溶媒間）への溶質の分配に基づく物質の分離法であり，沈殿分離法とともに，分離分析法として古くから利用されてきている．また，吸光光度法(8.1節)と結びつけて，微量成分の定量法としても広く利用されている．一方，液-液分配平衡を利用して，水溶液あるいは有機溶媒中での化学反応の研究を行うことができるので，溶液化学の分野からも関心がもたれている．

　最近は，連続した溶液の流れの中で反応させ，その生成物を分光光度法などで定量するフローインジェクション分析（FIA）法と組み合わせることによって，流れの中で連続抽出する方法も研究されている．また，界面活性剤を利用する乳化液体膜や多孔性の高分子膜（テフロン膜など）に抽出試薬を含む液膜相を含浸させた含浸液膜によるイオンの抽出分離も広く研究されており，工業廃水からの重金属イオンの除去など，実用化が進んでいる．さらに，超臨界流体を利用する抽出法が，使用済核燃料の再処理によるウランやプルトニウムの抽出分離などに広く利用されるようになってきている．

6.1　分　配　律

　溶媒抽出を支配する基本的法則として「ある溶質が互いにほとんど混じりあわない二つの溶媒間に分配する場合には，それぞれの相における溶質の分子量が同じであれば，一定温度では両相の溶質濃度の比は，平衡状態では一定である」というネルンスト（W. Nernst）の分配律がある．

　一方，ある溶質Lが，有機相/水相間に分配されるとすると，両相におけるL

の化学ポテンシャル μ_L は，それぞれ式(6.1)と式(6.2)のように表わされる．

$$\mu_{L,o} = \mu_{L,o}^\circ + RT \ln[L]_o + RT \ln y_{L,o} \tag{6.1}$$

$$\mu_{L,w} = \mu_{L,w}^\circ + RT \ln[L]_w + RT \ln y_{L,w} \tag{6.2}$$

ここで，$\mu_{L,o}^\circ$ と $\mu_{L,w}^\circ$ はそれぞれ有機相，水相における溶質 L の標準化学ポテンシャルであり，濃度や温度に依存しない定数である．[L]と y はそれぞれ溶質 L のモル濃度と活量係数である．また，添え字の "o" と "w" で有機相と水相に対応することを示す．

抽出平衡が成立している場合には，両相の化学ポテンシャルは等しいので，式(6.1)と式(6.2)から

$$\frac{[L]_o}{[L]_w} = \frac{y_{L,w}}{y_{L,o}} \exp\frac{\mu_{L,w}^\circ - \mu_{L,o}^\circ}{RT} = K_{D,L} \tag{6.3}$$

を得る．この $K_{D,L}$ は分配定数（partition constant）と呼ばれ，両相における L の活量係数の比が一定であれば定数となる．抽出平衡が成立していれば，分配定数が一定となること，すなわち，前述のネルンストの分配律が成立することを示している．

6.2 分配比と分配定数

ある溶質が両相で解離，会合，錯形成などの副反応を起こしていない場合には，その溶質の有機相と水相の濃度比は一定となり，それが分配定数である．これに対して溶媒抽出を初めて勉強するときに，この分配定数と混同しがちの用語に分配比がある．この分配比（distribution ratio）D は，一つの溶質が互いに混じり合わない二つの溶媒間に分配されたとき，両相に存在する溶質の全濃度の比である．したがって，その値は抽出系内で生じる化学反応に依存して変化する．すなわち，溶質 L が L-1, L-2, L-3, … という化学種として両相に存在する場合には，L の分配比は次のように表わされる．

$$D = \frac{C_{L,o}}{C_{L,w}} = \frac{[L\text{-}1]_o + [L\text{-}2]_o + [L\text{-}3]_o + \cdots}{[L\text{-}1]_w + [L\text{-}2]_w + [L\text{-}3]_w + \cdots} \tag{6.4}$$

このとき，両相に存在する各化学種の濃度比は，それぞれの分配定数と等しい．

$$K_{D,L\text{-}1} = \frac{[L\text{-}1]_o}{[L\text{-}1]_w}, \quad K_{D,L\text{-}2} = \frac{[L\text{-}2]_o}{[L\text{-}2]_w}, \quad K_{D,L\text{-}3} = \frac{[L\text{-}3]_o}{[L\text{-}3]_w}$$

このように個々の化学種の濃度比は一定となるが，それぞれの化学種の濃度

は，分配定数や両相における平衡定数によって支配されている．

$$(L\text{-}1)_o \underset{}{\overset{K_{D,L\text{-}1}}{\rightleftharpoons}} (L\text{-}1)_w \quad (L\text{-}1)_o \underset{}{\overset{K_{1\text{-}2(o)}}{\rightleftharpoons}} (L\text{-}2)_o \quad (L\text{-}2)_w \underset{}{\overset{K_{2\text{-}3(w)}}{\rightleftharpoons}} (L\text{-}3)_w \cdots$$

このように平衡関係が保持されているので，抽出条件（Lの全濃度や，水相の水素イオン濃度など）に変化があれば，各々の化学種の濃度が，それぞれの平衡定数に依存して変化する．その結果，先に示した分配比 D の値も変化することになる．

この分配比と分配定数の違いを理解することは，溶媒抽出の原理を理解する上で必須であるので，8-キノリノール（オキシン：HOx）の水と有機溶媒間の分配という具体的な反応系でさらに詳しく説明する．

オキシンは両性物質であり，水相では水素イオン濃度に依存して，低 pH 領域ではキノリン環の窒素原子にプロトンが結合し，オキシニウムイオン H_2Ox^+ として存在する．pH の上昇に伴い，まずこのプロトンを放出し，中性分子 HOx となり，さらに上昇したアルカリ領域では，水酸基からプロトンを解離して，オキシネートイオン Ox^- となる．有機相には中性分子 HOx のみが分配され，このオキシン分子は解離も会合もしない．したがって，オキシンの分配比は次のように表わされる．（以下，まぎらわしくない場合には水相を示す添字 w は省略する．）

$$D = \frac{C_{HOx,o}}{C_{HOx,w}} = \frac{[HOx]_o}{[H_2Ox^+] + [HOx]_w + [Ox^-]} \tag{6.5}$$

水相における2段階の酸解離定数は，次のように定義する．

$$K_{a1} = \frac{[H^+][HOx]_w}{[H_2Ox^+]}, \quad K_{a2} = \frac{[H^+][Ox^-]}{[HOx]_w}$$

また，オキシン中性分子 HOx の分配定数は，次のように表わされる．

$$K_{D,HOx} = \frac{[HOx]_o}{[HOx]_w}$$

上に示した三つの平衡定数を用いると，式(6.5)は式(6.6)のように書き換えることができる．

$$D = \frac{K_{D,HOx}}{\dfrac{[H^+]}{K_{a1}} + 1 + \dfrac{K_{a2}}{[H^+]}} \tag{6.6}$$

以上より，オキシン分子の分配定数 $K_{D,HOx}$ は，用いる溶媒に対して固有の値

であるが，式(6.6)から明らかなように，D は水相の水素イオン濃度に依存して変化する．

式(6.6)に基づき，クロロホルム/水間のオキシンの分配比と水相の水素イオン濃度の関係を図6.1に示した．図6.1から明らかなように，大きく三つの領域に分けられる．すなわち，$\log D$ の $-\log[\mathrm{H}^+]$ の依存性が，それぞ

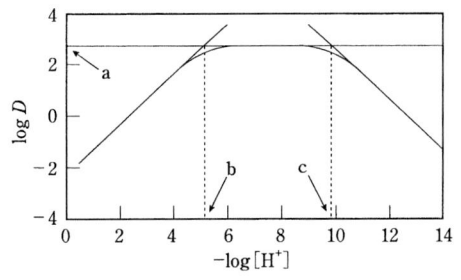

図 6.1 オキシンのクロロホルムと水間の分配比と水素イオン濃度との関係
a：$\log K_{\mathrm{D,HOx}}$，b：$\mathrm{p}K_{\mathrm{a1}}$，c：$\mathrm{p}K_{\mathrm{a2}}$

れ①1次，②0次，③-1次の場合に対応している．①は水素イオン濃度が高い領域であり，水相におけるオキシンの化学種として，オキシニウムイオン以外の化学種が無視できる領域（$[\mathrm{H_2Ox^+}] \gg [\mathrm{HOx}]_\mathrm{w} > [\mathrm{Ox^-}]$）である．このような領域では分配比は，式(6.7)のように表わされる．

$$D = \frac{[\mathrm{HOx}]_\mathrm{o}}{[\mathrm{H_2Ox^+}]} = K_{\mathrm{D,HOx}} \times \frac{K_{\mathrm{a1}}}{[\mathrm{H^+}]} \tag{6.7}$$

対数をとると，

$$\log D = \log K_{\mathrm{D,HOx}} - \log[\mathrm{H^+}] + \log K_{\mathrm{a1}} \tag{6.8}$$

すなわち，この領域では $\log D$ と $-\log[\mathrm{H^+}]$ との間に傾き1の直線関係が成立している．

②の領域では，水素イオン濃度に関係なく分配比が一定の値を示していることから，水相のオキシンの化学種は HOx が優勢であり，$\mathrm{H_2Ox^+}$ も $\mathrm{Ox^-}$ もその存在を無視できることを示している．したがって，D は式(6.9)のように表わされる．

$$D = \frac{[\mathrm{HOx}]_\mathrm{o}}{[\mathrm{HOx}]_\mathrm{w}} = K_{\mathrm{D,HOx}} \quad (\log D = \log K_{\mathrm{D,HOx}}) \tag{6.9}$$

③の領域では，水相におけるオキシンはプロトン解離してオキシネートイオンとして存在する（$[\mathrm{Ox^-}] \gg [\mathrm{HOx}]_\mathrm{w} > [\mathrm{H_2Ox^+}]$）．したがって，この領域では分配比は式(6.10)で与えられる．

$$D = \frac{[\mathrm{HOx}]_\mathrm{o}}{[\mathrm{Ox^-}]} = K_{\mathrm{D,HOx}} \times \frac{[\mathrm{H^+}]}{K_{\mathrm{a2}}} \tag{6.10}$$

対数で表わせば，次のようになる．

$$\log D = \log K_{\text{D,HOx}} - \log K_{a2} + \log[\text{H}^+] \qquad (6.11)$$

この領域では，$\log D$ は $-\log[\text{H}^+]$ の増大とともに傾き -1 で減少する．

ここで，図 6.1 中に示した a，b および c 点は，式(6.8)，式(6.9)，式(6.11)から，それぞれ $\log K_{\text{D,HOx}}$，$\text{p}K_{a1}$，$\text{p}K_{a2}$ であることがわかる．すなわち，これらの 3 点からオキシンの分配定数と酸解離定数を求めることができる．

以上の説明でわかるように，分配比 D は変数であり，抽出条件とともに大きく変化するが，分配定数 K_D は $[\text{H}^+]$ には依存しない定数である．

6.3 抽 出 率

分配平衡を考察するには分配比が便利であるが，定量分析には全溶質の何パーセントが有機相に存在するかを示す抽出率（percent extraction）E を用いることが多い．

$$E(\%) = \frac{V_\text{o} C_{\text{L,o}}}{V_\text{o} C_{\text{L,o}} + V_\text{w} C_{\text{L,w}}} \times 100 \qquad (6.12)$$

ここで，V_o と V_w はそれぞれ有機相および水相の体積，$C_{\text{L,o}}$ と $C_{\text{L,w}}$ は，有機相と水相に存在する溶質 L の全濃度を示す．式(6.12)から分配比との関係は，式(6.13)で表わすことができる．

$$E(\%) = \frac{D}{D + V_\text{w}/V_\text{o}} \times 100 \qquad (6.13)$$

ここで，両相の体積が等しい場合は，$E = 100 D/(D+1)$ となる．

分配比 D は 0 から ∞ まで非常に広い範囲にわたり変化するのに対して，抽出率 E の変化は 0〜100 の範囲である．

6.4 抽 出 平 衡

抽出機構に基づいて抽出系を分類すると，次のような四つが考えられる．

6.4.1 錯形成を伴わない簡単な無電荷分子の抽出

オキシンの分配平衡が該当し，その抽出平衡は前述したとおりである．このほかでは，ベンゼンなどの非配位性溶媒と水間でのカルボン酸の分配がある．この場合には有機相でカルボン酸が水素結合により 2 量体を生成するために，分配比は式(6.14)に示すように，水相の水素イオン濃度以外にカルボン酸の濃

度にも依存することになる．

$$D = \frac{C_{HA,o}}{C_{HA,w}} = \frac{[HA]_o + 2[(HA)_2]_o}{[HA]_w + [A^-]}$$

$$= \frac{K_{D,HA}(1 + 2K_{2,HA}K_{D,HA}[HA]_w)}{1 + \dfrac{K_a}{[H^+]}} \tag{6.14}$$

ここで，$K_{D,HA}$ はカルボン酸の分配定数であり（$K_{D,HA} = [HA]_o/[HA]_w$），$K_{2,HA}$ は有機相におけるカルボン酸の 2 量化定数である（$K_{2,HA} = [(HA)_2]_o/[HA]_o^2$）．

6.4.2 キレート抽出系

キレート抽出試薬（一プロトン酸 HR）により，n 価の金属イオン（M^{n+}）が MR_n として抽出されるとすると，抽出平衡は次のように表わされる．

$$M^{n+} + n(HR)_o \rightleftharpoons (MR_n)_o + nH^+$$

この2相間にわたる平衡定数を K_{ex} で示し，これを抽出定数と呼ぶ．

$$K_{ex} = \frac{[MR_n]_o[H^+]^n}{[M^{n+}][HR]_o^n} \tag{6.15}$$

このように最もシンプルなキレート抽出系は，図 6.2 の抽出模式図のように表わすことができる．また，上記の抽出定数は，模式図に示されている4種の平衡定数を用いて，式(6.16)のように表わすことができる．

$$K_{ex} = \frac{K_{D,MR_n} \times \beta_{MR_n} \times K_a^n}{K_{D,HR}^n} \tag{6.16}$$

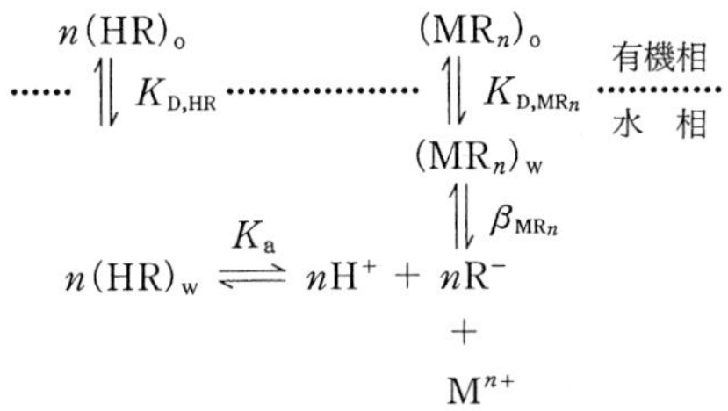

図 6.2 キレート抽出系の模式図

ここで，K_{D,MR_n}，$K_{D,HR}$，β_{MR_n}，K_a は，それぞれ MR_n の分配定数，HR の分配定数，水相における抽出錯体の全生成定数，HR の酸解離定数である．

一方，M の分配比 D は，次のように表わすことができる．

$$D = \frac{C_{M,o}}{C_{M,w}} = \frac{[MR_n]_o}{[M^{n+}] + [MR_n]_w} \tag{6.17}$$

抽出性の高い試薬を使用する場合は，K_{D,MR_n} が非常に大きくなるので，分配比（抽出率）がかなり大きくなるまでは，水相では $[M^{n+}] \gg [MR_n]_w$ の条件が成立することが多い．このような場合は，分配比 $D = [MR_n]_o/[M^{n+}]$ となるので，分配比は式(6.18)で表わされる．

$$D = \frac{K_{ex}[HR]_o^n}{[H^+]^n} \quad (6.18)$$

両辺の対数をとると，

$$\log D = \log K_{ex} - n\log[H^+] + n\log[HR]_o \quad (6.19)$$

となる．この式に基づいて$[HR]_o$を一定にして$-\log[H^+]$に対して$\log D$をプロットすれば，図6.3が得られる．このプロットの直線の傾きn（通常は抽出される金属イオンの電荷数に等しい）から$[H^+]$依存性を求めることができる．また，$[H^+]$を一定にした$\log[HR]_o$に対する$\log D$のプロットの直線の傾きnから金属に結合している試薬(R^-)の数を求めることができる．抽出種に遊離のHR分子が含まれる場合，すなわち抽出種が$MR_n(HR)_x$となる場合には，式(6.19)に代わり，次式を導くことができる．

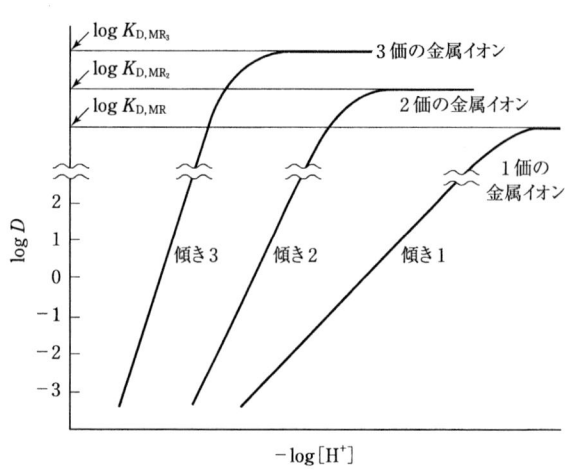

図6.3 金属イオンの分配比と水素イオン濃度との関係

$$\log D = \log K_{ex} - n\log[H^+] + (n+x)\log[HR]_o \quad (6.20)$$

したがって，式(6.20)に基づくプロットの傾きは$(n+x)$となる．また，いずれのプロットにおいても，得られた直線の切片から，それぞれの抽出定数を求めることができる．

図6.3に示されているように，抽出が進み（Dが大きくなり），水相においてM^{n+}が有機相と平衡にある$(MR_n)_w$より小さくなると，直線から下にずれてくることになる．さらに，抽出が進むとやがて$[M^{n+}] \ll [MR_n]_w$となり，$D = [MR_n]_o/[MR_n]_w = K_{D,MR_n}$となり，分配比は一定になる．すなわち，分配比$D$は錯体（抽出種）$MR_n$の分配定数と等しくなる．

6.4.3 イオン対抽出系

イオン対抽出系では，目的物質を含むイオン（X^-）を疎水性の対イオ

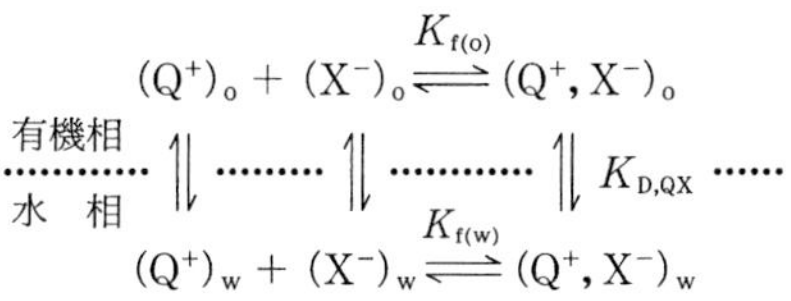

$$(Q^+)_o + (X^-)_o \underset{}{\overset{K_{f(o)}}{\rightleftharpoons}} (Q^+, X^-)_o$$

有機相
....
水 相 $\Updownarrow \quad \Updownarrow \quad \Updownarrow K_{D,QX}$ ....

$$(Q^+)_w + (X^-)_w \underset{}{\overset{K_{f(w)}}{\rightleftharpoons}} (Q^+, X^-)_w$$

図 6.4 1:1 イオン対抽出系の模式図
$K_{f(o)} = [Q^+, X^-]_o / [Q^+]_o [X^-]_o$
$K_{f(w)} = [Q^+, X^-]_w / [Q^+]_w [X^-]_w$
$K_{D,QX} = [Q^+, X^-]_o / [Q^+, X^-]_w$

(Q^+) を用いてイオン対を生成させる．そして，無電荷のイオン対を有機相に抽出する．1:1 イオン対抽出を例として，その抽出模式図を図 6.4 に示す．

極性溶媒では有機相でイオン対が解離することは珍しくない．しかし，非極性溶媒を用いた場合には有機相のイオン対解離が無視できる場合が多い．そこでイオン対解離が無視でき，目的物質が陰イオンに含まれているとすると，抽出定数と分配比は次のように表わされる．

$$K_{ex} = \frac{[Q^+, X^-]_o}{[Q^+]_w [X^-]_w} = K_{f(w)} K_{D,QX} \tag{6.21}$$

$$D = \frac{[Q^+, X^-]_o}{[Q^+, X^-]_w + [X^-]_w} = \frac{K_{ex}[Q^+]_w[X^-]_w}{K_{f(w)}[Q^+]_w[X^-]_w + [X^-]_w}$$

$$= \frac{K_{ex}[Q^+]_w}{K_{f(w)}[Q^+]_w + 1} \tag{6.22}$$

対数をとって整理すると，次式が得られる．

$$\log[Q^+]_w - \log D = \log(1 + K_{f(w)}[Q^+]_w) - \log K_{ex} \tag{6.23}$$

式 (6.23) に基づき，抽出定数 (K_{ex}) とイオン対生成定数 ($K_{f(w)}$) を求めることができる．この系では，キレート抽出系と比較して系に含まれる化学種も多く，有機相でイオン対の解離（比較的誘電率の高い溶媒の系）や重合（金属濃度の高い系）が起こるので，抽出平衡が非常に複雑となる場合も珍しくない．したがって，抽出平衡の解析は，限られた条件下（低誘電率溶媒，低金属濃度など）で行われる場合が多い．

6.4.4 非キレート試薬による金属イオンの抽出

この抽出系も複雑な場合が多い．代表的な例として，脂肪族カルボン酸による銅(II)イオンの非配位性溶媒への抽出について説明する．

この抽出系では，カルボン酸は有機相中では分子間の水素結合により主に 2

量体 $(HA)_{2,o}$ として存在するので，抽出平衡は次のように表わされる．

$$2Cu^{2+} + 3(HA)_{2,o} \rightleftharpoons \{Cu_2A_4(HA)_2\}_o + 4H^+$$

$$K_{ex} = \frac{[Cu_2A_4(HA)_2]_o [H^+]^4}{[Cu^{2+}]^2 [(HA)_2]_o^3} \quad (6.24)$$

ここで，$Cu_2A_4(HA)_2$ は銅(II)の抽出種であり，図6.5に示すような4個のカルボン酸イオンで架橋した2量体構造をしている．

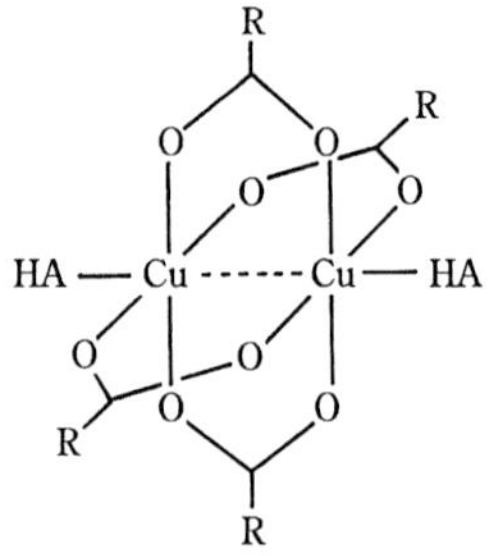

図 6.5 カルボン酸銅(II)錯体の2量体構造

この抽出系の分配比は，次のように表わされる．

$$D = \frac{2[Cu_2A_4(HA)_2]_o}{[Cu^{2+}]}$$

$$= \frac{2K_{ex}[Cu^{2+}][(HA)_2]_o^3}{[H^+]^4} \quad (6.25)$$

抽出種が単量体の場合と異なり，分配比が銅イオンの濃度にも依存するので，6.4.2項で述べた $\log D$ に関する2種類のプロットは，直線ではなく曲線となる．このように多量体が抽出される場合は，分配比 D に関する式の代わりに，有機相の金属の総濃度を表わす式に基づいて，抽出平衡の解析を行うことができる．

6.5 協同効果

金属 M の抽出に関して，試薬 HR と B（B は中性配位子であることが多い）を同時に用いたときの抽出率が，HR と B を個々に用いた場合の抽出率の和よりも大きいときに，試薬 HR と B との間に協同効果（synergism）があるという．

この協同効果は，いろいろな機構で生じることが知られているが，混合配位子錯体の生成による場合が多い．

まず，第一に次のような二つの置換反応があげられる．

(1) 配位水分子を疎水性の中性分子（B）で置換する場合：

$$MR_n(H_2O)_h + hB \rightleftharpoons MR_nB_h + hH_2O$$

(2) $MR_n(HR)_r$ の HR をより疎水性の中性配位子 B で置換する場合：

$$MR_n(HR)_r + rB \rightleftharpoons MR_nB_r + rHR$$

これに対して，抽出種 MR_n が，無電荷でも配位不飽和である場合には，付加反応による協同効果が考えられる．

$$MR_n + bB \rightleftharpoons MR_nB_b$$

この付加反応で生じた MR_nB_b は MR_n よりも疎水性が高い．すなわち，付加する配位子 B が疎水性の高い中性配位子であることが協同効果を示す条件となる．この場合には配位数の増加に伴って抽出種の構造も変化することになる．

6.6 抽出分離の選択性

溶媒抽出は，混合成分の分離や微量成分の定量法などに広く利用されているが，その選択性は，他の定量法と同様に大変重要な課題の一つである．

溶媒抽出により二つの物質 A と B を 99％ 以上の純度で分離するためには，A が 99％ 以上抽出されるとき，B の抽出率は 1％ 以下でなければならない．すなわち，分配比を用いて表わせば，次のような条件になる．

$$\frac{D_A}{D_B} \geqq \frac{10^2}{10^{-2}} = 10^4$$

6.6.1 抽出 pH の調整

同じ抽出試薬による抽出でも，金属イオンの種類によって，抽出種や抽出定数が異なるために，抽出 pH も金属イオンの種類によりかなり異なる．このような場合には，抽出 pH をうまく選ぶことにより，特定の金属イオンのみを選択的に抽出できることがある．金属イオンの電荷が異なる場合には，一般に pH 調整で分離が期待できる．

6.6.2 マスキング剤の使用

マスキング剤を添加して，抽出したくない金属イオンのみをマスキングし，水溶性錯体として水相に残し，目的の金属イオンのみを有機相に抽出する．

6.6.3 抽出速度の差の利用

抽出試薬の分配定数は，一般的にかなり大きいので，水相における抽出試薬の濃度は非常に小さくなる．そのため，錯体の生成速度に比べて，みかけの抽出速度は遅いことになる．各金属イオンの錯体の生成速度の差は抽出速度の差として表われてくることが多い．この速度の違いを利用して，特定の金属イオンに対する抽出の選択性を向上させることができる．Co(III)，Cr(III)，Al(III)，Ni(II)，Pd(II) などに抽出速度の遅い系が知られている．

特にCo(III)錯体は非常に置換不活性であり,いったん有機相に抽出されると鉱酸にも逆抽出されない．このCo(III)錯体が非常に安定である性質を利用して,たとえば2-(5-ブロモ-2-ピリジルアゾ)-5-(N-プロピル-N-スルホプロピルアミノ)フェノール(5-Br-PAPS：H_2L)のCo(III)錯体(CoL_2^-)を,目的陽イオン（クラウン化合物やクリプタンドなどと結合したアルカリ金属イオンなど）の抽出のための対陰イオンとして利用するというイオン対抽出定量法も提案されている．

6.7 抽出方法

溶媒抽出法は2種の溶媒間（多くの場合は有機溶媒と水間）の溶質の分配に基づいて,目的成分をどちらかの相に集める分離法であり,目的に応じていろいろな方法が考案されている．

6.7.1 バッチ抽出法

比較的分配比の大きい成分の抽出に用いられる操作法であり,抽出器具として分液ロート（図6.6）か遠沈管が使用される．バッチ抽出法は,通常,一定量の抽出試薬を含む有機溶媒溶液と,緩衝液などで抽出条件を整えた目的溶質を含む水溶液とを分液ロート中で激しく振り混ぜるという最も基本的な抽出操作である．

溶質w(g)を含む水溶液V_w(cm^3)から,V_o(cm^3)の溶媒を用いてバッチ法でn回の抽出を行ったとき,水相に残っている溶質をw_n(g)とすると,

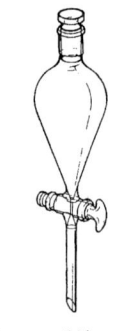

図6.6 分液ロート

$$w_n = w\left(\frac{V_w}{DV_o + V_w}\right)^n \tag{6.26}$$

と表わされる．この場合,分配比Dは次のように表わされる．

$$D = \frac{(w-w_1)/V_o}{w_1/V_w} \tag{6.27}$$

ここで,w_1は1回の抽出操作をしたときに水相に残っている溶質の質量(g)を表わす．

6.7.2 溶媒相洗浄

抽出操作により得られた有機相には,目的成分以外の不純物も含まれる．こ

のような場合に，目的成分のみを有機相に残してこの不純物を水相に移すことによって除去する操作を溶媒相洗浄（backwashing）という．目的成分が定量的に有機相に分配される条件を整えた水溶液（目的成分や水相に戻したい不純物は含まない）と有機相を振り混ぜる．

6.7.3 ストリッピング

有機相に抽出された目的成分を，次の操作のためにもう一度水相に移す必要が生じることもある．このように，目的成分を有機相から水相へ戻す操作をストリッピングという．これには二つの方法があるが，その一つは逆抽出である．溶媒相洗浄とは逆に，目的成分が抽出されない条件の水相（おもに鉱酸水溶液）と有機相を振り混ぜる．分離操作が1回増えるので選択性の向上も期待できる．もう一つの方法は，有機相を水相と分離した後，有機相に少量の硝酸などの鉱酸を添加して有機溶媒を蒸発させ，残った目的成分を少量の酸を含む水に溶解させる方法である．この場合には，目的成分が揮発性でなく，溶媒が蒸発しやすいことが必要である．

6.7.4 塩析剤

溶媒抽出法では，水相に無機塩を添加することにより目的成分の抽出率が高くなったり，両相の界面に生じたエマルジョンが消失して，相分離がシャープになることがある．このような目的で加える無機塩を塩析剤（salting out reagent）という．これは塩析剤の添加によって水の活量が減少し，水和された錯体から水を奪って有機相へ分配されやすくすることや，塩濃度の増加により水相の誘電率が減少し，イオン対生成が促進されることに起因する．塩析剤の効果はイオン対抽出系においてより顕著である．

6.7.5 溶　媒

溶媒抽出には，多くの溶媒が使用されてきているが，クロロホルムをはじめとするハロゲン系（特に塩素系）溶媒やベンゼン，トルエンなどの芳香族系溶媒の使用頻度が圧倒的に高い．しかし，地球規模の環境汚染や発がん性などの人体への影響から，これらの溶媒はできる限りその使用を自粛すべきである．そのため，従来使用されてきた上記の溶媒に代わる低有害性溶媒の開発が待たれる状況にある．

表6.1に，従来から溶媒抽出に使用されてきている溶媒の性質を示した．クロロホルムやベンゼンのような低誘電率の溶媒は，キレート抽出系によく使用されている．一般に，イオン対抽出には誘電率の高い溶媒が有効であるといわ

表 6.1 溶媒の性質

溶媒	凝固点 (°C)	沸点 (°C)	密度 (25°C) (g cm^{-3})	V(25°C) (cm^{3}mol^{-1})	μ (D)[a]	比誘電率 (25°C)	δ(25°C) (MPa$^{1/2}$)[b]	DN (kcal mol^{-1})	AN	水への溶解度 (25°C)/%W	水の溶解度 (25°C)/%W
ヘキサン	−95.32	68.74	0.6548	131.6	0.085	1.88	14.9	0.0	0 (ref)	1.23×10^{-3}[c]	1.11×10^{-2}
シクロヘキサン	6.72	80.73	0.7739	108.7	0	2.02	16.8	0.0	1.6	1×10^{-2}	5.5×10^{-3}
ベンゼン	5.53	80.09	0.8736	89.9	0	2.27	18.8	0.1	8.2	1.79×10^{-1}	6.35×10^{-2}
トルエン	−94.99	110.63	0.8622	106.9	0.31	2.38	18.2	0.1	6.8	5.15×10^{-2}	5.0×10^{-2}
クロロベンゼン	−45.58	131.69	1.1009	102.2	1.62	5.62	19.4	3.3	11.9	4.88×10^{-2}[d]	3.27×10^{-2}
ニトロベンゼン	5.76	210.80	1.1983	102.7	4.00	34.78	20.5	4.4	14.8	1.9×10^{-1}[c]	2.4×10^{-1}[c]
クロロホルム	−63.52	61.18	1.4797	80.7	1.15	4.81[c]	19.0	4.0	23.1	8.15×10^{-1}[c]	9.3×10^{-2}
四塩化炭素	−22.82	76.64	1.5844	97.1	0	2.23	17.6	0.0	8.6	7.7×10^{-2}	1.35×10^{-2}[d]
1,2-ジクロロエタン	−35.66	83.48	1.2464	79.4	1.83	10.37	20.1	0 (ref)	17	8.1×10^{-1}[c]	1.87×10^{-1}
ジエチルエーテル	−116.3	34.43	0.7078	104.7	1.15	4.20	15.1	19.2	3.9	6.04	1.47
MIBK	−84	117.4	0.7963	125.8	2.7	13.11[c]	17.2	16.0		1.7	1.9
酢酸エチル	−83.55	77.11	0.8946	98.5	1.82	6.02	18.6	17.1	9.3	8.08	2.94
酢酸ブチル	−73.5	126.06	0.8764	132.5	1.87	5.01[c]	17.4	15.0		6.8×10^{-1}[c]	1.2[c]
1-ブタノール	−88.62	117.73	0.8058	92.0	1.75	17.51	23.3	29.0	37	7.45	2.05×10
1-オクタノール	−14.97	195.16	0.8216	158.4	1.76	10.34[c]	21.1	32.0	30.4	5.38×10^{-2}	
水	0.00	100.00	0.9970	18.1	1.82	78.36	47.9	18.0 (gas) 42 (liq)	50 (gas) 54.8 (liq)		

V：モル体積，μ：双極子モーメント，δ：溶解パラメータ，DN：ドナー数，AN：アクセプター数，MIBK：4-メチル-2-ペンタノン．
[a] 1 D＝3.336×10^{-30} cm，[b] 1 MPa$^{1/2}$＝0.48888 cal$^{1/2}$ cm$^{-3/2}$，[c] 20°C，[d] 30°C．
[第五版『分析化学便覧』，pp.679-680，丸善 (2002)]

れているが，クロロホルムや1,2-ジクロロエタンなどはイオン対抽出系にもよく利用されている．

6.7.6 固相抽出法

固体試料から目的物質を抽出する場合は，固-液抽出法が知られている．このような場合の連続抽出装置としてソックスレー（Soxhlet）の抽出器が有名である．

最近，疎水性有機官能基をシリカゲルやポリマーゲルに化学修飾した固相（たとえば，粒子径 40 μm のシリカゲルにオクタデシル基を結合させた固相）をプラスチックシリンジのような小さなカートリッジに充填したものを利用する固相抽出法（solid-phase extraction）が開発され，簡便な抽出法として広く利用されるようになった．この固相抽出法は，固-液抽出法とはまったく別の抽出法であるので，用語の類似性から混同しないようにしたい．固相抽出法の抽出機構は，基本的には逆相液体クロマトグラフィーにおける保持と同じである．この後の第7章のクロマトグラフィーと溶媒抽出との相関性を理解できるように，ここで簡単に紹介する．

液-液抽出法は非常に有用な分離法として広く利用されているが，水溶性の試料を扱う場合には，抽出溶媒は水と混じりあわないものに限定される．抽出系によってはエマルジョンが生成して，相分離が難しいこともある．ときには，大量の溶媒を必要としたり，逆抽出をしなければならないなど，操作が煩雑になることもある．

これに対して固相抽出法では，各種の固相抽出用カートリッジが市販されていることもあり，操作が簡単である．さらに，自動化による作業効率の向上や高い回収率が得られるなど，実用性に関しても多くの利点がある．生物学的親和性を利用する固相カートリッジも開発されており，選択性の高い前処理法として生体試料の分離にも利用されている．

代表的操作手順は次のようになる：① 固相表面の洗浄．② 固相のコンディショニング（活性化）．③ 試料の導入．④ 洗浄（共存する不純物の除去）．⑤ 目的物質の溶出．また，カートリッジに試料や溶離液を通す方法には，自然落下，吸引（手動，自動），加圧（手動，自動），遠心分離などによる方法がある．

固相への保持のメカニズムは，① ファンデルワールス力のような無極性相互作用，② 双極子間力や水素結合による極性相互作用，③ 静電的相互作用などに基づいて説明されている．

6.8 溶媒抽出に関する実験

■ 実験6.1 オキシンの分配

オキシンの水とクロロホルム間の分配比と,水素イオン濃度との関係から,オキシンの分配定数($K_{D,HOx}$)と酸解離定数(pK_{a1}およびpK_{a2})を求める.
【試薬】
① 有機相:$2×10^{-2}$Mオキシンのクロロホルム溶液
② 水相:pH=3〜12の範囲で,ほぼ0.5 pH単位の間隔になるように調製した緩衝液.KClを加えてイオン強度を1Mにそろえておく.
【操作】
　上記の有機相と水相を,それぞれ20 cm³ずつ分液ロート(あるいは遠沈管)に採取し,約10分間激しく振り混ぜる.静置後2相を分離し,水相のpHと水相のオキシン濃度を求める.水相のオキシン濃度は,一定量の水相を分取し,適当に酸を加えてpHを2以下にしてオキシニウムイオンH_2Ox^+の360 nmにおける吸光度を測定し,同じ条件であらかじめ作成しておいた検量線から求める.有機相のオキシン濃度は,全濃度から水相の濃度を差し引いて求める.得られた結果に基づいて,$\log D$と$-\log[H^+]$をプロットして,$K_{D,HOx}$,pK_{a1},pK_{a2}を求める(図6.1参照).

■ 実験6.2 オキシン抽出によるアルミニウムと鉄の同時定量

　Al(III)とFe(III)の混合試料において,Fe(III)の量が適当な濃度範囲にある場合は,Al(III)とFe(III)のオキシン錯体の吸収スペクトル(図6.7)の差を利用して同時定量することができる.
【試薬】
① Al(III)とFe(III)の標準溶液:それぞれ$1.5×10^{-4}$Mになるように調製する.この溶液のpHは加水分解を防ぐために2以下になるように適量の酸を添加しておく.
② 0.05 Mオキシン溶液:1.45 gのオキシンを氷酢酸5 cm³とともに湯浴上で加温溶解し,蒸留水で200 cm³にする.
③ 2M酢酸アンモニウム溶液
【操作】
① 検量線の作成:分液ロート(あるいは遠沈管)に,Al(III)およびFe(III)の標準溶液をそれぞれ2, 4, 6, 8 cm³取り,0.05 Mオキシン溶液を10 cm³加え,さらに2M酢酸アンモニウム溶液を適量加えて水相のpHを約5になるようにする.その後,10 cm³のクロロホルムを加えて,およそ5分間激しく振り混ぜる.静置後,あらかじめ1 gの無水硫酸ナトリウムを入れておいた共栓つき試験管に,有機相を移し,軽く

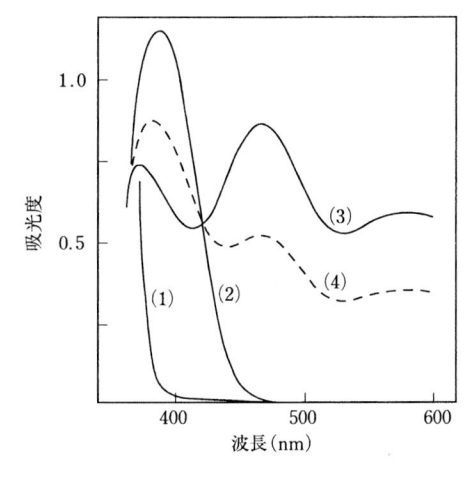

図 6.7 オキシンおよびオキシン錯体の吸収スペクトル
(1)ブランク溶液(Al も Fe も含まないこと以外は同一の条件で，クロロホルム相と水相を振り混ぜた有機相)(対照液クロロホルム)，(2)Al を抽出した有機相，(3)Fe を抽出した有機相．(4)Al と Fe の混合試料溶液から両金属を抽出した有機相．(2)〜(4)の吸収スペクトルは(1)のブランク溶液を対照として測定．

振ってクロロホルム相に混入している水を取り除く．Al(III)および Fe(III)の標準溶液を加えない以外は，同様に操作して得たオキシンのクロロホルム溶液を対照として，Al(III)は 390 nm，Fe(III)は 390 および 470 nm において吸光度を測定する．セルは光路長 1 cm のものを使用する．それぞれの波長における吸光度と Al(III)または Fe(III) の濃度をプロットして検量線を作成する．

② 次に Al(III)と Fe(III)の混合試料溶液を適量取り，検量線を作成したときと同様の操作を行い，390 nm および 470 nm における吸光度を測定する．まず，470 nm における吸光度から Fe(III)の濃度を求める．次に，390 nm の吸光度からこの鉄の濃度に相当する吸光度を差し引き，この波長における Al(III)に起因する吸光度から Al(III) の濃度を求める．

7章

クロマトグラフィー

　クロマトグラフィー（chromatography）は，互いに混じりあわない二つの相（phase），すなわち固定された相（固定相：stationary phase）とそれと接しながら流動する相（移動相：mobile phase）とで構成された系の中で，物質（溶質）を分離する方法である．各種クロマトグラフィーは，広範囲にわたるさまざまな成分を分離の対象とすることができ，種々の検出法を利用して，定量分析に頻用されている．

7.1 クロマトグラフィー

　クロマトグラフィーは，1900年代初頭にTswettによって植物色素の吸着分離に関する研究の中で創始されたが，研究の進展はしばらくの間ほとんどみられなかった．その後，1940年代～1950年代にかけて各種クロマトグラフィーが開発された．なかでも，分配クロマトグラフィー，ペーパークロマトグラフィーおよびガスクロマトグラフィーの開発に大きな貢献をしたMartinは，1952年度ノーベル化学賞を受賞した．さらに，コンピュータをはじめ周辺技術の進展に伴って，クロマトグラフィーは現在では成熟した分析法となった．

7.1.1 クロマトグラフィーの名称の由来

　クロマトグラフィーは，Tswettによって名づけられた．彼は，*Ber. Deutsh. Botan. Ges.* 1906, 24, 316. の論文の中で，クロロフィルなどの植物色素の吸着分離法に対し，"die Chromatographische Methode" とドイツ語で命名した．これがクロマトグラフィー（chromatography）の名称の由来で，語源にギリシャ語の色を意味する "chroma" と，書くを意味する "graphein" から構成さ

れている.中国語では,その語源どおり"色譜"と書く.

クロマトグラフィー関連用語は以下に示すように,語尾によって用語の意味が異なるので注意が必要である.また,英単語は,単語によって音節の切れ方が異なる点にも留意されたい(ボールド部分にアクセントがある).

chro-ma-**tog**-ra-phy
　クロマトグラフィー:学問,分離プロセス,手法

chro-**mat**-o-gram
　クロマトグラム:分離プロフィル

chro-**mat**-o-graph
　クロマトグラフ:装置

chro-mato-**graph**-ic
　chromatograph(y)の形容詞

7.1.2　クロマトグラフィーの分類

クロマトグラフィーは,表 7.1 に示すように,分離の場の形状や移動相の状態の差異によって分類されている.分離場の形状によってカラムクロマトグラフィーおよび平面クロマトグラフィーに分類される.平面クロマトグラフィーには薄層クロマトグラフィー(TLC:thin-layer chromatography)およびペーパークロマトグラフィー(PC:paper chromatography)がある.カラムクロマトグラフィーでは,微粒子を充塡したカラムおよび充塡剤を用いない(中空)キャピラリーカラムが利用されている.

表 7.1　クロマトグラフィーの分類

(1) 分離の場の形状による分類

分離の場の形状	名　称	備　考
管　状	カラムクロマトグラフィー	充塡カラム (中空)キャピラリーカラム
板　状	薄層クロマトグラフィー ペーパークロマトグラフィー	平面クロマトグラフィー (planar chromatography)

(2) 移動相の状態による分類

移動相の状態	名　称	略　称
気　体	ガスクロマトグラフィー	GC
液　体	液体クロマトグラフィー	(HP)LC
超臨界流体	超臨界流体クロマトグラフィー	SFC

また，移動相の状態によってガスクロマトグラフィー（GC：gas chromatography），液体クロマトグラフィー（LC：liquid chromatography）および超臨界流体クロマトグラフィー（SFC：supercritical fluid chromatography）に分類される．

一方，試料成分と固定相との相互作用の差異によって，吸着クロマトグラフィー，分配クロマトグラフィー，イオン交換クロマトグラフィー，サイズ排除クロマトグラフィー，イオン対クロマトグラフィー，配位子交換クロマトグラフィー，アフィニティークロマトグラフィーなどがある．このほか，交流クロマトグラフィー，遠心クロマトグラフィー，ハイドロダイナミッククロマトグラフィー，ミセル動電クロマトグラフィー，キャピラリー電気クロマトグラフィー，ラジオクロマトグラフィー，イオンクロマトグラフィーなども特定の分離手法を示す用語として使用されている．

7.1.3 保持に関するパラメータ

カラムクロマトグラフィーでは，成分 i の保持時間（t_{R_i}）は，移動相組成，固定相の種類，カラムサイズ，移動相流量およびカラム温度によって制御できる．保持係数（k：retention factor）はカラムサイズおよび移動相流量に対して依存しないので，保持時間よりも普遍的なパラメータである．成分 i の保持係数（k_i）は，次式で定義される．

$$k_i = \frac{t_{R_i} - t_M}{t_M} \tag{7.1}$$

ここで，t_M はカラム内を移動相が通過するのに必要な時間である．k は，分配係数（K）に依存しており，固定相および移動相中に存在する溶質の質量の比となるのに対し，K は濃度の比となる．固定相に保持されない成分の k および K は 0 となる．k と K との関係は，次式で表わされる．

$$k = \frac{V_S}{V_M} \times K \tag{7.2}$$

ここで，V_S および V_M は，固定相および移動相の体積である．

2 成分の分離度（R_s：resolution）は，次式で定義される．

$$R_s = \frac{2(t_{R_2} - t_{R_1})}{W_1 + W_2} \tag{7.3}$$

ここで，W_i は図 7.1 に示すように，成分 i のベースラインにおけるピーク幅で，t_{R_i} と同じ単位をもつ．R_s が 1.5 以上のとき，ベースライン分離が達成され

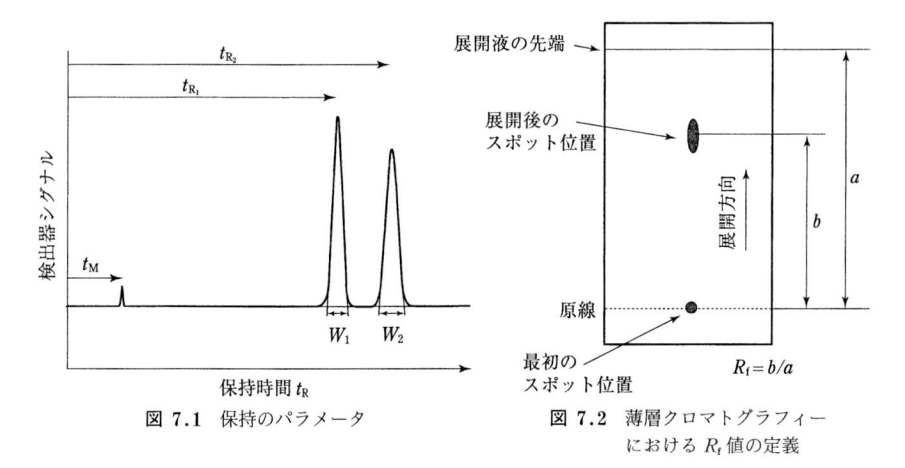

図 7.1 保持のパラメータ

図 7.2 薄層クロマトグラフィーにおける R_f 値の定義

る．2成分の k の比 (k_2/k_1) を分離係数（α：separation factor）と呼び，α を大きくする移動相および固定相の選択が分離の改善につながる．

式(7.3)で定義される R_s は，α，k および理論段数(N)を用いて式(7.4)のように書き換えることができる．

$$R_s = \frac{1}{2} \times \frac{\alpha-1}{\alpha+1} \times \frac{k_{av}}{1+k_{av}} \times N^{1/2} \tag{7.4}$$

式(7.4)は，2成分の理論段数が等しいと仮定することによって誘導でき，k_{av} は k_1 と k_2 の平均値である．溶出位置が重なると，定性が困難となるので，R_s を大きくする条件の設定が望ましい．α，k_{av} および N を大きくすることによって R_s を大きくすることができる．また，式(7.4)の $(\alpha-1)/\{2(\alpha+1)\}$ の値は，α が1に近いとき $(\alpha-1)/4$ と近似できる．

平面クロマトグラフィー（TLC や PC）では，保持のパラメータとして R_f が使用される．R_f は，図7.2に示すように原線から展開後のスポット位置までの距離 (b) を原線から展開溶媒先端までの距離 (a) で除した値で，0～1の間の値をとる．なお，R_f は $1/(1+k)$ に等しい．

7.1.4 分離性能に関するパラメータ

理論段数（N：theoretical plate number）は，分離カラムの性能を表わすパラメータで，1理論段は溶媒抽出における1個の分液ロートのもつ分離能力に相当する．1理論段あたりのカラム軸方向の長さ，すなわちカラム長 (L) を理論段数で除したパラメータ (L/N) を理論段高さ（H：theoretical plate height）と呼んでいる．

理論段数は，クロマトグラム上のデータで式(7.5)～式(7.7)のように表わすことができる．

$$N = 16\left(\frac{t_R}{W}\right)^2 \tag{7.5}$$

$$N = 8\ln 2\left(\frac{t_R}{W_{0.5h}}\right)^2 \tag{7.6}$$

$$N = 2\pi\left(\frac{t_R h}{A}\right)^2 \tag{7.7}$$

ここで，W，t_R，$W_{0.5h}$，h および A は，それぞれベースライン上のピーク幅，保持時間，半値幅（50％ピーク高さのピーク幅），ピーク高さおよびピーク面積を表わす．

カラムクロマトグラフィーにおける理論段高さは，操作条件で決まる各種パラメータで次式（van Deemter 式）のように表わされる．

$$H = A + \frac{B}{u} + C_m u + C_s u \tag{7.8}$$

ここで，u は移動相線流速を表わし，A，B，C_m および C_s は操作条件で決まる定数である．式(7.8)の第1項は多流路拡散（渦巻き拡散）に基づく寄与，第2項は分子拡散に基づく寄与，第3項および第4項はそれぞれ移動相および固定相中の物質移動抵抗に基づく寄与である．第1項は，充塡剤粒子径に比例する．第2項は，移動相および固定相中の試料成分の分子拡散に基づく寄与である．また，C_m および C_s は，それぞれ $f(k)d_p^2/D_m$，$qkd_f^2/(1+k)^2 D_s$ で表わすことができる．ただし，$f(k)$ は k（保持係数）の関数，d_p は粒子径，D_m は試料成分の移動相中の拡散係数，q は幾何学的因子，d_f は固定相の厚み，D_s は試料成分の固定相中の拡散係数である．

また，式(7.8)の第1項と第3項が深く関連していることから，第1項に代わるものとして第1項と第3項をカップリングさせた項を用いた式も提案されている．

カラム充塡剤粒子径が小さいほど理論段高さは小さくなるが，圧力損失は大きくなる．最適線流速条件下では，平均粒子径の2～3倍の理論段高さが達成される．粒子径が小さいほど理論段高さの線流速依存性が小さくなり，迅速分離が達成できる．分析用には，3～10 μm の充塡剤がもっぱら使用されるのに対し，分取用には，5～10 μm あるいはそれより少し大きい（～40 μm）充塡剤が

使用される．また，GC では 150～250 μm 程度の粒子が用いられる．

中空キャピラリーカラムの場合には，式(7.8)に代わって次式のゴーレー式が適用される．この場合，カラム内径 (d_c) や固定相厚み (d_f) がカラム性能に影響する．

$$H = \frac{2D_m}{u} + \frac{(11k^2+6k+1)d_c^2 u}{96D_m} + \frac{2kd_f^2 u}{3(1+k)^2 D_s} \quad (7.9)$$

TLC では 30 μm 程度の粒子が一般的に使用されるが，小さな粒子径を用いることによって分離性能が向上する．高性能 TLC の場合には 5～7 μm が使用される．

7.1.5 定量分析

クロマトグラフィーでは，絶対検量線法（absolute calibration method），内部標準法（internal standard method）および標準添加法（standard addition method）が定量分析に用いられる(8.1.3項参照)．

7.2 液体クロマトグラフィー

7.2.1 液体クロマトグラフィーの特徴

液体クロマトグラフィー（LC）は，移動相と固定相の組合せによってさまざまな分離選択性を発現し，原理的には移動相に溶解する成分すべてを分析の対象とすることができる．LC において広範囲な選択肢が存在することは長所であるが，分析条件を決定する際に経験や知識が必要であり，煩雑な作業を伴うこともある．

1969 年頃，LC における高圧送液が可能となり，いわゆる高速液体クロマトグラフィー（HPLC：high-performance liquid chromatography）が登場した．これによって LC における分析時間の短縮が図られた．

7.2.2 装置の構成

LC の装置は，図 7.3 に示すように，送液，試料注入，分離，検出およびデータ入力の各部から構成されている．送液には通常高圧ポンプが使用され，必要に応じて移動相組成を時間とともに変化させるグラジエント溶離法が適用される．試料は適当な前処理の後，バルブインジェクターまたはオートサンプラーによって分離カラムに手動あるいは自動的に注入される．分離カラムは通常カラムオーブンに入れられ，カラム温度が制御される．検出器は目的に応じて選

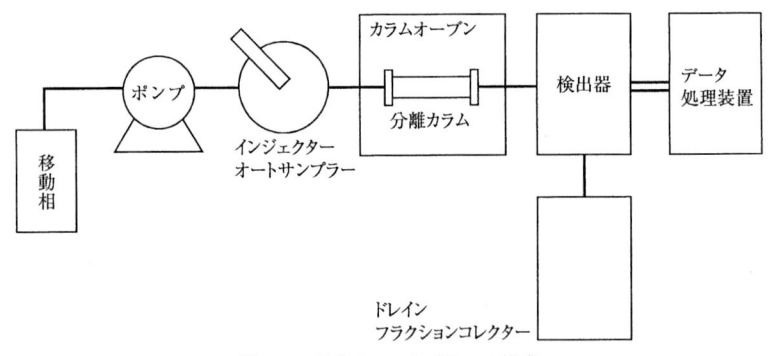

図 7.3 液体クロマトグラフの構成

択され，クロマトグラムは記録計またはインテグレータによって描き出される．シグナルがインテグレータやコンピュータに入力される場合には，各種ソフトウェアによって定量計算結果などが出力できるようになる．また，分取を目的とする場合には，検出器の下流側にフラクションコレクターを取りつける．

a. ポンプ

LC 用のポンプとして，これまでプランジャー型，シリンジ型，エアシリンジ型，ダイアフラム型などが開発されたが，現在では分析の目的にはプランジャー型のポンプが最もよく用いられている．プランジャー型のポンプは，サファイア製のプランジャーが往復運動することによって移動相の吸入・吐出を連続的に行うもので，作動原理上，連続運転が可能であるが脈流が発生する．しかしながら，変形カムの使用や圧力のフィードバック制御などによって脈流が最小化されるよう工夫されている．現在，シングルプランジャー型のものとダブルプランジャー型のものがよく利用される．

移動相に溶解している気体は，検出時のノイズの発生や流量変化の原因となるので，できるだけ取り除くことが望ましい．特にプランジャー型のポンプを使用する際は，発生した気体によってチェック弁が正常に作動しなくなることがあり，送液が安定しなくなるので，脱気は不可欠である．

物性や固定相への選択性が大きく異なる成分を含む試料を分析する場合には，分析中に移動相組成を変化させるグラジエント溶離が有効である．グラジエント溶離を行うと，分離度の改善，分析時間の短縮，遅く溶出する成分の検出感度の改善につながる．グラジエント溶離の場合，移動相の組成は通常直線的に変化させるが，階段的に変化させることもある．ポンプ 1 台で行う低圧グ

ラジエント溶離法と複数のポンプを使用する高圧グラジエント溶離法がある．

b. 分離カラム

LC の利用目的は，分取と分析の二つに集約できる．分析を目的とするときは，内径 4～6 mm の充塡カラムを用いることが多い．最近では，微量成分の高感度検出，質量分析計との直結あるいは移動相溶媒の節減のために，内径の小さなカラムが用いられるようになってきた．

分析用のカラムは，内径によって表7.2に示すように，ミクロカラム，セミミクロカラムおよびコンベンショナルカラムに分けられる．表には，典型的な試料負荷量と移動相の流量も比較してある．導入できる試料負荷量は，カラム内の充塡剤の重量にほぼ比例すると考えてよい．操作条件にも依存するが，理論段高さの値は一般に試料負荷量の増大に伴って大きくなる．表には，理論段高さの値を 10％ 程度増加させる試料負荷量の目安の値が示されている．また，表中の流量は各カラムにおいて同じ線流速を与える値であり，内径 4.6 mm のカラムの場合の流量を $1\,cm^3/min$ としている．

表 7.2 サイズによるカラムの分類

用 途	分 類	内 径 (mm)	試料負荷量[a]	流 量[b] (cm^3/min)
分析用	ミクロ	0.2～0.8	数十 ng	0.002～0.030
	セミミクロ	1.0～2.1	数百 ng	0.047～0.21
	コンベンショナル	4.0～6.0	数 μg	0.76～1.7
分取用		10～100	数十 μg～数 mg	4.7～470

[a] 理論段高さを 10％ 程度増加させる試料負荷量の目安の値．
[b] 同じ線流速を与える流量（内径 4.6 mm のカラムの流量を $1\,cm^3/min$ とする）．

分子サイズの違いで分離を達成するサイズ排除クロマトグラフィー（SEC）では，内径 6～8 mm のカラムを用いることが多い．この場合，$0.5～1\,cm^3/min$ の流量で分析が行われ，試料負荷量は数百 ng 程度である．

LC による分取は目的物質を高純度に分離精製するのに最も有力な方法である．実験室レベルでは内径 10～100 mm のカラムを用いることが多い．工業精製のスケールでは内径が 20 cm をこえるカラムを用い，条件によって g～kg レベルの量の試料が取り扱われる．

分離カラムの長さは用途によって異なる．表7.3はカラム長さとその用途を比較したものである．通常の分析には，10～30 cm の長さのカラムを用いる．

表 7.3 カラム長さと用途

カラムの長さ (cm)	用途
1～5	プレカラム，ガードカラム
5～10	迅速分離
10～30	一般的な分析用サイズ，15 cm と 25 cm が代表的
25～	分取用，サイズ排除クロマトグラフィー

なかでも，15 cm のものと 25 cm のものが最もよく使われる．SEC 用と分取用には 25 cm 以上の比較的長いカラムを利用することが多い．一方，本カラムの保護のためにプレカラムあるいはガードカラムが利用されるが，それには 1～5 cm の短いカラムを用いる．

HPLC では高圧下で操作されることから，クロマト管の材質には耐圧性に優れたものが使用される．ステンレススチールがこれまで最もよく使われてきているが，酸などで腐食する，溶質によってはその表面に溶質が吸着されて回収率が低下するなどの問題が残っている．特に，溶離液の pH が広範囲にわたるイオンクロマトグラフィーでは，メタルフリーの分析条件が必要なことから，ポリプロピレンや PEEK（ポリエーテルエーテルケトン）などの樹脂製のクロマト管が使われることが多い．各種樹脂の中で PEEK は耐圧性と耐溶媒性に優れており，最近では PEEK 製の配管材料（チューブ，コネクター，押しねじなど）が比較的安価に多種供給されるようになった．これに伴い，イオンクロマトグラフィーに限らず，他の分離モードにおいても PEEK 製のカラムが市販されるようになってきた．

セミミクロカラムやミクロカラムのように内径が小さくなるとステンレス管の内面仕上げが技術的に困難になり，内面の荒さによるカラム性能の低下が無視できなくなる．したがって，セミミクロカラムやミクロカラムは，ステンレス管に代わってガラスライニングステンレス管やフューズドシリカキャピラリーを使用することが多い．フューズドシリカキャピラリーは，外表面のポリイミドなどの被覆膜に傷がついたりすると，その部分で折れたりするため，機械的強度を増すためにステンレス管や PEEK チューブなどで保護されたものも利用されている．

c. 検出器

LC においてオンラインで使用される代表的な検出器について，表 7.4 にその特徴を比較した．最小検出感度の値は，測定条件によってかなり変わること

表 7.4 検出器性能の比較

検出器	最小検出感度 (g)	測定時の設定因子	グラジエント溶離	温度の影響	流量の影響	対象試料
紫外可視吸収	10^{-10}	波長	可	小さい	なし	吸光物質
多波長紫外可視吸収	10^{-9}	—	可	小さい	なし	吸光物質
蛍光	10^{-12}	波長（励起・蛍光）	可	あり	なし	蛍光物質
電気化学的	10^{-12}	電位（酸化・還元）	困難	あり	あり	酸化還元物質
電気伝導度	10^{-8}	温度	困難	あり	あり	イオン
示差屈折	10^{-7}	温度	不可	あり	なし	汎用的
質量分析	10^{-10}	(イオン化法)	可	あり	あり	汎用的
化学発光	10^{-14}	—	可	あり	あり	化学発光物質
旋光度検出器	10^{-7}	—	困難	あり	なし	光学活性物質
円二色性	10^{-8}	波長	可	小さい	なし	光学活性物質

を考慮しなければならないが，この値から検出器間の感度の比較ができる．検出器によって，溶媒組成，温度あるいは流量の変化によってその使用が制限されるので，使用にあたってこれらの因子に留意する必要がある．また，使用者が測定時に設定しなければならない検出器の項目もあげた．表に示した検出器のほかに，HPLC 用の検出器として赤外吸収検出器なども市販されているが，移動相の制限が多く，通常移動相の除去が必要であり，オフラインで測定される．

7.3 ガスクロマトグラフィー

7.3.1 ガスクロマトグラフィーの特徴

ガスクロマトグラフィー（GC）は，揮発性のある成分を分析対象とし，一般的に LC よりも高速分離が可能である．分離カラムを通過中に反応や分解が起こらないことが要求される．目的成分の分離選択性は，用いる固定相および温度プログラミングのプロファイルによって改善される．移動相はもっぱら試料成分を運ぶ役目を担うことから，キャリヤーガスと呼ばれる．不揮発性の成分でも誘導体化や熱分解による試料導入によって GC の分析対象とすることができる場合がある．GC は質量分析計（MS）との結合性がよく，その結合システム GC/MS は，最有力な分離分析法の一つである．

1979 年頃にフューズドシリカキャピラリーが導入され，キャピラリーカラムの性能と取り扱いやすさが一段と向上し，それ以来ルーチン分析においても充

塡カラムに代わってキャピラリーカラムが利用されることが多くなった．

7.3.2 装置の構成

ガスクロマトグラフは，ガスボンベ，流量制御バルブ，試料導入部，分離カラム，検出部およびデータ処理装置からなる（図7.4）．試料導入部，分離カラムおよび検出部は独立して温度制御される．キャリヤーガスにはヘリウムと窒素が用いられるが，場合によっては水素が使用されることもある．キャリヤーガスには，検出器の種類や分析の迅速性，分析コスト，安全性などを考慮して選択する．検出器によってはキャリヤーガスのほかにガスを必要とするものがある．分離カラムにはキャピラリーカラムおよび充塡カラムが使用される．

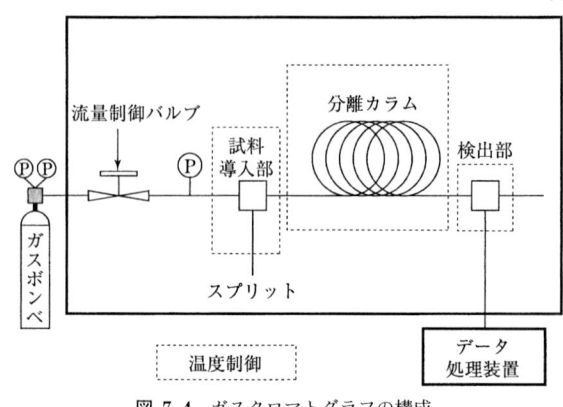

図 7.4 ガスクロマトグラフの構成

a. 試料導入法

気体試料の導入は，シリコンゴムのセプタムを通して気密性に優れたシリンジを用いて行うか，一定体積のループを有する気体試料導入系を用いて行う．一方，液体試料もセプタムを通して試料気化室に導入できる．気化室の温度は，試料成分の最高沸点よりも 30～60°C 程度高温に保つことが必要である．

試料の適正導入量は，カラムのタイプおよびサイズならびに固定相の量に依存する．目安の導入量として，充塡カラムで$(0.05～20) \times 10^{-3} cm^3$，キャピラリーカラムで$(0.005～0.5) \times 10^{-3} cm^3$ である．

キャピラリーカラムの場合，試料気化室の体積がカラム体積と比べて大きいため，ピークのブロードニングが起こり，本来のカラム性能が発揮できないことが多い．これを防止するために，一部の試料をキャピラリーカラムに導入するスプリット法が開発された．しかしながら，スプリット法では一部の試料のみがキャピラリーカラムに導入されるため検出感度が低下する．これに対し，スプリットレス法が提案された．これは，あらかじめ排出口を閉じておき，目的成分がほぼ全量導入された時点で排出口を開けて残留する溶媒を除去し，溶

媒の影響を低減する方法である．この方法では，冷却補集や溶媒効果を併用することで試料成分をキャピラリーカラムの先端部分に再濃縮すると，ピークのブロードニングを抑えることができる．スプリットレス法は，高沸点成分の希薄溶液試料の導入に限定される．

このほか，ヘッドスペース法，パージアンドトラップ法，熱分解法による試料導入も目的に応じて利用されている．

b. 温度プログラミング

試料成分の沸点が広範囲にわたるときには，分析中にカラム温度を上昇させる温度プログラミング（昇温法）が有効である．昇温速度が一定の場合や，途中から昇温速度を変更したり，途中で昇温をやめた後，再び昇温をしたりする多段昇温プログラムも適用されることがある．同族体においては昇温速度によって溶出順序が変わることはないが，多成分混合系の場合には溶出順序が変わることもある．昇温速度が大きいほど分離は損なわれる．

c. 分離カラム

分離カラムは充填カラムとキャピラリーカラムに分類される．また，キャピラリーカラムは，内径によって，ワイド（メガ）ボアカラム，レギュラーカラムおよびナローボアカラムの三つに分類される．表 7.5 にそのサイズを比較した．キャピラリーカラムの分離性能はカラム内径が大きくなると低下するのに対し，充填カラムはカラム内径には一般的には依存しない．一方，試料負荷量は，充填カラムの場合には固定相の含浸量が，またキャピラリーカラムの場合は固定相の厚みが厚いほど大きい．また，固定相の厚みはカラム性能に影響を与えるので目的に応じて選択しなければならない．

表 7.5 キャピラリーカラムの分類

タイプ		内径 (mm)	長さ (m)
充填カラム		2〜4	0.5〜3
キャピラリーカラム	ワイド（メガ）ボア	0.5〜1	10〜25
	レギュラー	0.2〜0.32	25〜50
	ナローボア	0.1	10〜15

d. 検出器

GC でよく用いられる検出器には，水素炎イオン化検出器（FID：flame ionization detector），熱伝導度検出器（TCD：thermal conductivity detector），

表 7.6 GC でよく用いられる検出器の比較

検出器	略号	対象物
水素炎イオン化検出器	FID	有機化合物
熱伝導度検出器	TCD	汎用的，低感度
質量分析計	MS	汎用的，高感度
電子捕獲型検出器	ECD	含ハロゲン化合物
炎光光度検出器	FPD	リン，イオウ，スズなど

電子捕獲型検出器（ECD：electron capture detector），炎光光度検出器（FPD：flame photometric detector），熱イオン化検出器（TID：thermionic detector or thermal ionization detector），質量分析計（MS：mass spectrometer）などがある．それらの特徴を表 7.6 に示した．検出器には，TCD のような濃度比例型検出器と FID などのように質量比例型検出器とがある．

7.3.3 GC における保持特性

GC では，同族列の化合物の場合，一定の測定条件下では保持係数の対数値（$\log k$）と試料成分の沸点（℃）との間に直線関係が得られる．これを利用することによって，沸点から保持係数が，また保持係数から沸点が推定できる．また，保持係数の対数値は，試料成分の炭素数との間にも同族間で直線関係がある．

化合物 i の保持係数（retention index：I_i）は式(7.10)で定義され，化合物 i の溶出位置 [$V_R(i)$] および直鎖アルカンの溶出位置を使って表わすことができる．

$$I_i = 100\,n + 100 \times \frac{\log V_R(i) - \log V_R(n)}{\log V_R(n+1) - \log V_R(n)} \quad (7.10)$$

ここで，$V_R(n)$ および $V_R(n+1)$ は，それぞれ炭素数 n および $(n+1)$ の直鎖アルカンの保持値である．

7.4 薄層クロマトグラフィー

薄層クロマトグラフィー（TLC）は，ガラス，プラスチック，アルミニウムなどの板状支持体の表面にシリカゲルなどの微粒子を薄層状に均一に塗布した分離媒体を利用して分析を行う．試料成分と固定相間に働く水素結合，電荷移動，イオン-イオン相互作用，イオン-双極子相互作用，ファンデルワールス力

などによって分離が達成される．同時に多検体が分析できるのはTLCの有利な点である．TLCは主に定性分析に利用される．

7.4.1 薄層プレート

代表的な薄層プレートのサイズは20×20 cmで，ガラスあるいはプラスチックの薄板やアルミ箔などが一般的に使用される．原線上に0.5～1 cm間隔で$(1～5)×10^{-3} cm^3$の試料量をマイクロピペットやガラス毛細管を用いてスポットする．この際，スポットサイズは数mm以下となるようにする．

固定相には粒子径5～20 μmのシリカゲル，アルミナ，セルロース，ポリアミド，セファデックス，イオン交換体，化学結合型シリカゲル，合成ポリマーなどが用いられる．薄層の厚みは0.25 mm程度である．

これに対し，分析時間を短縮することのできる高性能TLC(HPTLC)用プレートも市販されており，この場合のサイズは10×10 cmである．粒子径5～7 μmの固定相が用いられ，負荷する試料量も$(0.1～0.2)×10^{-3} cm^3$と少なくし，スポットサイズも1 mm程度に抑える必要がある．

7.4.2 展開方法と検出方法

薄層プレートは，通常図7.5に示したような溶媒が満たされた展開槽に立てかけて，毛管現象によって下端から上方に溶媒が展開する．内壁にろ紙を貼りつけ，溶媒蒸気を飽和しやすくする．溶媒蒸気が飽和するまで放置した後，素早くプレートを槽内に入れる．数分から数十分展開する．

あらかじめプレートをつるしておき，溶媒蒸気が飽和した後に，ふたを閉めたままでプレート下端を溶媒に浸すことのできる展開槽もある．また，薄層プレートとカバーの隙間を小さくし，表面近くの空間を溶媒蒸気で飽和しやすくしたタイプのものや，展開時間を短縮するために加圧展開，遠心展開などが可能な装置も市販されている．展開溶媒には，ヘキサン，ベンゼン，クロロホルムなどの低極性有機溶媒に，酢酸エチル，メタノール，酢酸などの極性溶媒を混合した溶液が使用される場合と，水系あるいは水/有機溶媒系が使われる場合とがある．前者は，シリカゲルのような極性固定相が，後者は化

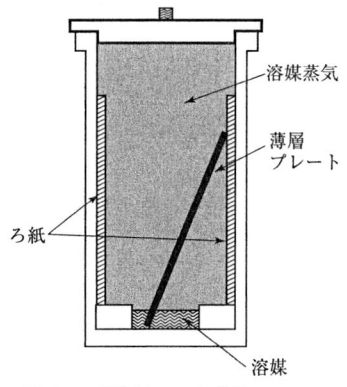

図7.5 薄層クロマトグラフィーの展開槽

学結合型シリカゲルなどの低極性固定相が該当する．

7.4.3 定性分析

通常，肉眼で観察するが，見えない場合には，高温加熱による反応や試薬による発色反応を行う．定性分析は，図7.2に示した R_f 値あるいは発色試薬による特定の色を判断して行う．また，走査型デンシトメータを使用することもある．

スポットを削り取って，紫外可視分光光度計，GC，赤外分光光度計，NMR，MSなどで定性分析を行うこともできる．専用の棒状薄層で展開し，水素炎中で棒を移動させるとクロマトグラムを得ることができる．このようなTLC/FIDシステムが市販されている．

7.5 ペーパークロマトグラフィー

ペーパークロマトグラフィー（PC）は，原理上TLCと類似した点が多い．TLCと比べ，展開時間が長いこと，分離能が低い点が欠点であるが，ろ紙は入手しやすく，簡便に実施できる点が利点である．PCもTLCと同様，毛管現象を利用して展開する．展開溶媒を上昇させる方法と下降させる方法とがあり，上昇法が通常用いられる．図7.6に展開槽の写真を示す．展開槽はろ紙上端が掛けられるようになっている．

図7.6 ペーパークロマトグラフィーの展開槽

7.6 超臨界流体クロマトグラフィー

超臨界流体（supercritical fluid）は非凝縮性高密度流体で，液体のような性質と気体のような性質を兼ね備えた濃い蒸気である．したがって，液体のように溶解能力がある．超臨界流体を移動相とするクロマトグラフィーを超臨界流体クロマトグラフィー（SFC）という．SFCは，GCで分析できない不揮発性成分をLCよりも迅速に分析できる能力を有する．溶質の溶解度は超臨界流体の密度に大きく依存するため，SFCでは密度をコントロールすることによって溶質の保持をコントロールすることができる．密度は温度と圧力によってコン

トロールできる.SFCにおける密度のコントロールは,LCのグラジエント溶離,GCの温度プログラミングに対応する.

二酸化炭素の臨界温度は31°C,臨界圧7.4 MPaと比較的緩和であり,環境にもやさしいことから;二酸化炭素はSFCで最もよく使用される移動相である.二酸化炭素はUV吸収もなく,またFIDに応答しないことから,LCやGCで使用される多くの検出器が利用できる.

7.7 クロマトグラフィーに関する実験

■ 実験7.1 高速液体クロマトグラフィー(HPLC)による清涼飲料水中の添加物の定量

食品の中には保存性や香味をよくするためにさまざまな添加剤が含まれている.ここでは,清涼飲料水の一つであるコーラの中の添加剤を調べてみよう.コーラの中には,種類によって異なるが,カフェイン,アスパルテームあるいは安息香酸ナトリウムなどの添加剤が含まれている.安息香酸ナトリウムは保存性をよくするために添加されている.また,アスパルテームはL-アスパラギン酸とL-フェニルアラニンからなるジペプチドで,低カロリー甘味料の一つとして広く使用されている.

【操作】
HPLCの条件
① 分離カラム:オクタデシル基結合シリカゲル充填カラム(ODS)
② 移動相:アセトニトリル:10 mMリン酸カリウム水溶液(pH 2.5)=2:8の混合溶液
③ 検出器:紫外吸光検出器(210 nmで測定)

上記の条件で検出器シグナルが安定したら,試料(清涼飲料水をあらかじめ,メンブランフィルターでろ過をしておく)をインジェクターで注入する.次に濃度のわかったカフェイン,アスパルテームおよび安息香酸を注入し,それぞれのピーク面積比から清涼飲料水中の添加剤の濃度を決定する.

■ 実験7.2 HPLCによる水道水中のフタル酸エステルの定量

フタル酸エステルは環境ホルモンに指定されており,プラスチック可塑剤として使用されているため,環境水や水道水中にも含まれ,ヒトの健康に対する影響が心配されている.ここでは,プレカラム濃縮法を併用してHPLCによる水道水中のフタル酸ジブチルの定量を行う.

【操作】
HPLC の条件
　① 分離カラム：ODS
　② 移動相：アセトニトリル：水＝7：3 の混合溶液
　③ プレカラム：ODS
　④ 検出器：紫外吸光検出器（220 nm で測定）

　上記の条件で検出器シグナルを安定化させる．安定したら，あらかじめメンブランフィルターでろ過をした水道水 1 cm^3 を六方バルブのロードポジションでプレカラムに通す．濃縮後，六方バルブを切り替えて分離を開始する．次に 10〜数十 ppb のフタル酸ジブチルを水道水にスパイクし，同様にプレカラム濃縮後分離定量を行う．標準添加法により水道水中フタル酸ジブチルの濃度を決定する．

8章

分 光 分 析

　分光分析は，物質と電磁波との相互作用に基づく分析法で，分析対象物によって吸収あるいは放射される光子の量が，その物質の濃度や量に依存することを原理としている．試料に照射する光（電磁波）の発生，その照射前後における分光過程，そして検出器による光応答の記録が必要である．これら三つのプロセスから，物質と電磁波との相互作用の結果を，波長（エネルギー）と光吸収，放射の強度の関数，すなわちスペクトルとして観測する．

　分光分析法には，これから解説する紫外・可視分光法，蛍光分光法，原子分光法のほかに，蛍光X線分析法，赤外・ラマン分光法，核磁気共鳴分析法など有用な分光分析法があるが，本書ではこれらを割愛する．

8.1 紫外・可視吸光光度法

　色の濃さに着目して分析対象成分の量を推定することは，古くから行われていた．これがその後，白色光の下で標準液と試料溶液の色を肉眼で比べる比色法として確立したのは19世紀後半であった．この際，使用されたのがネスラー管やジュボクス比色計である．その後の技術，特にエレクトロニクス技術の発達に伴い，光電比色計をへて分光光度計が開発され，物質による光の吸収が精密に測定できるようになった．紫外・可視吸光光度法は，高感度な発色試薬と組み合わせることにより，有機物および無機イオンの微量分析法として重要な位置を占めている．

8.1.1 原　理

　物質が着色して見えるのは，物質にあたっている白色光のうち，ある波長域

の光が物質に吸収され，その余色を肉眼が感じているからである．波長と色および余色の関係を表 8.1 に示した．

光をあてた場合，物質はボーア（Bohr）の振動数を満足する光，言い換えれば，物質中の電子が基底状態から励起状態へ遷移するのに必要なエネルギーの光を吸収する．この電子遷移に必要なエネルギーは数百 kJ mol^{-1} であるので，このエネルギーを有する光は，おおよそ 100～800 nm の波長の光に相当する．100～400 nm を紫外線，400～800 nm を可視光線と呼び，吸光光度法はこの範囲の波長の光の吸収に基づく方法である．

表 8.1 電磁波の波長と色の関係

波長 (nm)	色		余色
100～400	紫 外 線		
400～435	可視光線	紫	黄緑
435～480		青	黄
480～490		緑青	橙
490～500		青緑	赤
500～560		緑	紫赤
560～580		黄緑	紫
580～595		黄	青
595～610		橙	緑青
610～750		赤	青緑
750～800		赤紫	緑
800～500,000	赤 外 線		

吸光光度法では，次の三つに大別される電子遷移による吸収帯が用いられる．

① d-d 吸収帯：d 軌道が満たされていない金属イオン（たとえば Co^{2+}，Ni^{2+}，Cu^{2+}）のアクア錯体やクロロ錯体などの色がこれに相当する．この吸収帯は，金属イオンの t_{2g} 軌道の d 電子が e_g 軌道へ遷移する場合にみられる．モル吸光係数は 10～100 M^{-1} cm^{-1} と小さい．

② 電荷移動吸収帯：金属イオンの d 電子と配位子の π 電子のいずれかが関与し，低原子価状態の金属イオンでは金属イオンの d 電子の配位子の π 軌道へ，高原子価状態の金属イオンでは配位子の π 電子の金属イオンの d 軌道へ

■ 電子遷移のエネルギー

電子遷移のエネルギー（ΔE）は $\Delta E = hc/\lambda$ で与えられるので，波長 λ が 500 nm の光子 1 個あたりの遷移エネルギーは，プランク定数 $h = 6.34 \times 10^{-34}$ J s，光速 $c = 3.00 \times 10^8$ m s^{-1} とすると

$$\Delta E = (6.34 \times 10^{-34} \text{ J s}) \times \frac{(3.00 \times 10^8 \text{ m s}^{-1})}{(5 \times 10^{-7} \text{ m})}$$
$$= 3.98 \times 10^{-19} \text{ J}$$

となる．したがって，光子 1 mol あたりの遷移エネルギーは

$$\Delta E = (3.98 \times 10^{-19} \text{ J}) \times (6.02 \times 10^{23} \text{ mol}^{-1})$$
$$= 240 \text{ kJ mol}^{-1} = 57.4 \text{ kcal mol}^{-1}$$

の遷移による吸収帯である．1,10-フェナントロリンによる鉄(II)の発色は前者に，チオシアン酸イオンによる鉄(III)の発色は後者に基づいている．

③ π-π^* 吸収帯：二重結合をもつ呈色試薬の π 電子の π^* 軌道への遷移による吸収帯である．金属イオンが呈色試薬と錯体を生成すると，呈色試薬の電子構造が変わり，呈色試薬自身とは異なった色を呈する．モル吸光係数は一般に $10^4\,\mathrm{M}^{-1}\,\mathrm{cm}^{-1}$ 以上であり，吸光光度法では最も重要な吸収帯である．

8.1.2 光吸収の法則

強さ I_0 の単色光が厚さ l（光路長）の媒体に直角に入射し，その一部が吸収され透過してきた光の強さを I とする（図8.1）．厚さ dl の媒体を通過することによる光の強さの減少は

$$-\frac{dI}{dl} = kI \tag{8.1}$$

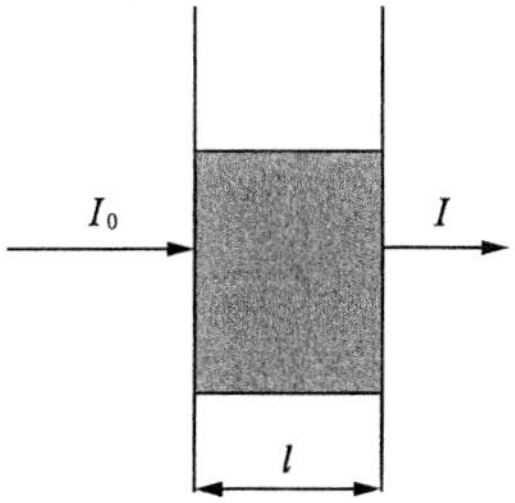

で表わされる．ここで，k は光を吸収する物質の種類とその濃度および光の波長により決まる定数である．式(8.1)を $l=0$ から l まで積分すると

図 8.1 光の吸収

$$-\int_{I_0}^{I}\frac{dI}{I} = k\int_{0}^{l}dl$$
$$\ln\left(\frac{I_0}{I}\right) = kl, \quad \log\left(\frac{I_0}{I}\right) = \left(\frac{k}{2.3}\right)l \tag{8.2}$$

となる．この関係はランベルト（Lambert）の法則と呼ばれる．

一方，光を吸収する物質の濃度 C と光の強さの減少の関係は，

$$\log\left(\frac{I_0}{I}\right) = \left(\frac{k'}{2.3}\right)C \tag{8.3}$$

となる．これはベール（Beer）の法則と呼ばれる．式(8.2)と式(8.3)を組み合わせると，

$$\log\left(\frac{I_0}{I}\right) = \varepsilon Cl \tag{8.4}$$

となり，これをランベルト-ベールの法則と呼ぶ．I/I_0 は透過率（T）と呼ばれ，$100\,T$（％）をパーセント透過率と呼ぶ．また，吸光度 A は $A = \log(1/T)$ で表わされるので，式(8.4)は，

$$A = \varepsilon Cl \tag{8.5}$$

とも表わされる．ここで ε ($M^{-1}cm^{-1}$) は，$C=1\,M$，$l=1\,cm$ のときの吸光度に相当し，モル吸光係数と呼ばれる．

ランベルト-ベールの法則は，吸光光度法における基本的な法則であり，この法則が成り立つためには，入射光が単色光であり，定量目的物質が溶液中でその濃度によらず一定の溶存状態で存在することが必要である．

吸光度には加成性が成り立つので，吸光光度法は混合物の定量にも利用される．2種類以上の光吸収物質を含む場合に得られる吸光度は，

$$A = \sum A_i = l \sum \varepsilon_i C_i \tag{8.6}$$

のように，それぞれの成分（i）による吸光度の和になる．

8.1.3 吸収スペクトルと検量線

波長を変化させて吸光度を測定し，波長に対して吸光度をプロットして得られる曲線を吸収スペクトルという．最も高い吸光度を示す波長を極大吸収波長（λ_{max}）という（図8.2）．

吸光光度法では，試料中の分析対象成分の濃度を検量線から求める．検量線は，定量目的物質の標準液を用いて吸光度を測定し，濃度と吸光度をプロットして得られる（絶対検量線，図8.3）．ベールの法則が成立していれば直線となる．正確な結果を得るためには，検量線の直線部分を用いる．この検量線では，目的成分を含まない試料溶液では，吸光度は0となる．しかし，測定試料を調製する際に添加した目的成分以外の試薬や溶媒が，測定波長の光を吸収する場合には，検量線は原点を通らない．たとえば，金属イオンを錯体として吸光定量する際に，過剰のキレート剤が測定波長の光を吸収する場合がそれに対応する．これを試薬ブランクといい，測定値からこれらのブランクを差し引いたものが，目的成分の正味の吸光度である．測定波長には，これらのブランクによる吸収のないあるいは小さい波長を選ぶべきである．

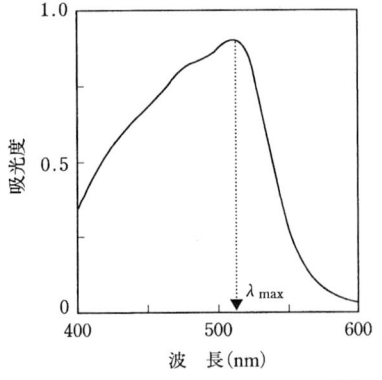

図8.2 鉄(II)-1,10-フェナントロリン錯体の吸収スペクトル
Fe(II)：$4.6\,\mu g\,cm^{-3}$，光路長：10 mm，水対照．

また，試料中に目的成分以外の共存物質が含まれる複雑なマトリックスの試料では，その影響を避けるために，標準添加法と呼ばれる検量線が用いられる．

8.1 紫外・可視吸光光度法

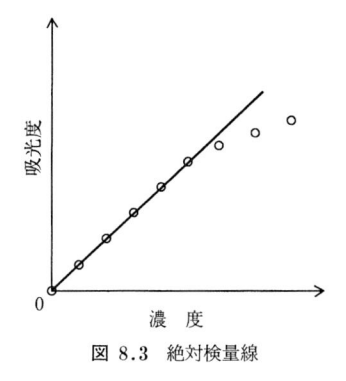

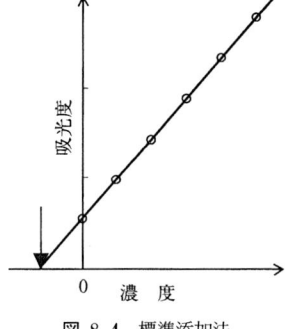

図 8.3 絶対検量線

図 8.4 標準添加法

これは，試料溶液の一定量を数個分取し，それに定量目的物質の標準液の異なる量を加えて吸光度を測定し，標準液の濃度に対して吸光度をプロットする（図8.4）．吸光度が 0 に相当する x 軸の切片から目的物質の濃度を求める方法である．

8.1.4 装　置

透過率や吸光度の測定には，分光光度計が用いられる．装置は，光源部，分光部，試料室，受光部から構成されている．図 8.5 にシングルビーム分光光度計，図 8.6 に自記記録式ダブルビーム分光光度計の概略図を示す．

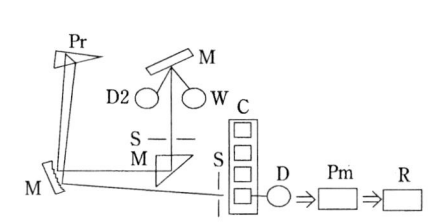

図 8.5 シングルビーム分光光度計の構成
D2：重水素(水素)ランプ，W：タングステン(ハロゲン)ランプ，M：ミラー，S：スリット，Pr：プリズム，C：試料室，D：検出器，Pm：光電子増倍管，R：記録計．

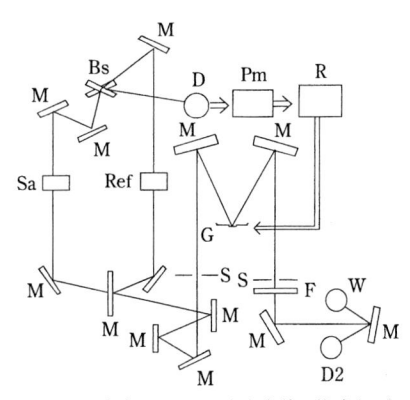

図 8.6 ダブルビーム分光光度計の構成(日本分光 V-550 型)
W：タングステンランプ，D2：重水素ランプ，M：ミラー，F：フィルター，S：スリット，G：回折格子，Sa：試料，Ref：対照，Bs：ビームスプリッター，D：検出器，Pm：光電子増倍管，R：記録計(コンピュータ)．

① 光源部：紫外部の光源として水素（または重水素）放電管を，可視部の光源にはタングステンランプまたはハロゲンランプ（ヨウ素あるいは臭素ガスを封入したタングステンランプ）を用いる．

② 分光部：光源からの光を，プリズムまたは回折格子により分光し，選択された単色光をスリットを通過させ，試料室に入射させる．

③ 試料室：試料溶液の入った吸収セルと対照液の入った吸収セルを入れる．紫外部にわたる測定には，石英セルを用いなければならないが，可視部のみの測定にはガラスセルでもよい．

④ 受光部：試料溶液を透過した光を光電管や光電子増倍管で受け，光のエネルギーを電流に変え，さらにその光電流を増幅器で増幅し，必要に応じて対数変換器をへて，記録計に入力される．

測定法などを以下に簡単に記す．

● シングルビーム分光光度計：測定波長をセットし，光を遮った状態で透過率0％をあわせ，対照セルを光路に入れ透過率100％にメータをあわせた後，試料の入ったセルを光路に入れ，透過率あるいは吸光度を測定する．

● 自記分光光度計：分光器からの単色光が，回転ミラーにより試料セルと対照セルに交互に入射する．それぞれのセルを透過した単色光は，光電子増倍管に受光され，さらに増幅された後，試料側信号と対照側信号に分離される．対照側信号は光電子増倍管の電圧を制御して出力が一定に保たれる．測定される透過率および吸光度は対照側のそれを差し引いたものとして得られる．

8.1.5 定量操作

有機呈色試薬との着色錯体の生成反応を用いる金属イオンの定量を例にして，吸光光度法をどのような手順で進め，それぞれの操作ではどのような事項に留意する必要があるのかを述べる．

a. 呈色試薬の選択

試料溶液中の分析対象成分が特定されると，その成分の定量に適した呈色試薬を選択する．既報の中から目的にかなった試薬を選択する場合には，金属イオンごとに使用可能な試薬をまとめた単行本［たとえば，H. Onishi, "Photometric Determination of Traces of Metals", Wiley-Interscience (1986)；F.D. Snell, "Photometric and Fluorometric Methods of Analysis", Wiley-Interscience (1978)，あるいは，無機応用比色分析編集委員会編『無機応用比色分析』共立出版 (1973) など］を参考にすると便利である．呈色試薬の選択にあたって留意すべきことは，

感度，選択性，再現性などである．

　感度はモル吸光係数，サンデル感度（光路長 1 cm のセルを用いた場合，0.001 の吸光度を与える分析対象成分の量を ppm 単位で表わした値）あるいは検出限界などで示される．ベールの法則が示すように，モル吸光係数が大きい（感度が高い）呈色試薬ほど含有量の少ない試料に対応できる．

　この発色反応が，金属イオンと呈色試薬との錯形成反応であることを考慮すると，分析対象イオンと定量的に反応し，共存イオンとは反応しないような呈色試薬と発色条件を選ぶことができれば，選択性が高い定量が可能になる．一方，スペクトル的には，測定波長（普通は分析対象イオンとの錯体の極大吸収波長）での分析対象イオンとの錯体のモル吸光係数が，共存イオンとの錯体のそれよりもできるだけ大きい呈色試薬を選ぶことができれば，選択性の向上に寄与する．

　再現性を左右する要因には，錯体の経時安定性，発色条件（pH，試薬濃度，温度など）の変動の影響などが考えられる．

b. 定量条件の設定

　金属イオン M^{n+} と呈色試薬 HL とを

$$M^{n+} + nHL \rightleftharpoons ML_n + nH^+ \tag{8.7}$$

のように反応させ，ML_n の吸光度を測定して M^{n+} を定量する場合を考える．この場合，ML_n だけを定量的に生成するように反応条件を設定する必要がある．ML_n の生成量に影響を及ぼす要因は試薬の添加量 C_L と反応溶液の pH であるので，最適 pH で吸光度〜C_L 曲線を作成し，最大の吸光度を与える C_L を最適試薬濃度とし，最適試薬濃度で吸光度〜pH 曲線を作成し，最大の吸光度を与える pH を最適 pH とする．最適試薬濃度と最適 pH の付近で吸光度〜C_L

■ 吸光度の測定誤差

$A = \log(I_0/I)$ であるので $\delta A = \delta I/(2.303 \times I)$，すなわち $\delta A/A = \delta I/(2.303 \times A \times I)$ となる．

$x = 2.303 \times A = \ln(I_0/I)$ とおくと

$$\delta A/A = \delta x/x = \delta I/(x \times I) = \delta I/(I_0 \times xe^{-x})$$

となる．xe^{-x} は $x=1$ で最大になる．

すなわち，$\delta A/A$ は $x=1$ すなわち $A=0.436$ で最小になる．

曲線と吸光度〜pH曲線が大きく変化しないことが，発色条件の変動の影響を抑える上では望ましい．

式(8.7)に関して検討を要するその他の条件としては，ML_nの安定性（水への溶解度も含む），試薬の添加順序の影響，定量範囲，共存イオンのマスキング（表3.7を参照）などがある．これらが適切に検討されていないと，ベールの法則が成り立たなくなり，検量線が直線とならない．

測定装置にかかわる検討事項としては，測定波長と吸光度の設定がある．測定波長には，錯体の極大吸収波長を用いるのが一般的である．これは，① 極大吸収波長では錯体のモル吸光係数が最も大きいので，高感度分析が可能になる，② 極大吸収波長付近では，錯体の吸収スペクトルは比較的なだらかな変化を示すので，波長の設定誤差による影響が少ない，③ 錯体の極大吸収波長では，試薬のモル吸光係数はそれほど大きくない場合が多いなどの理由による．

吸光度の測定誤差は吸光度が0.436で最小になるので，この付近で吸光度を読むと最も正確な測定ができる．図8.7には，透過率の読みに0.5%の誤差がある場合の相対誤差を示す．この図から，透過率で15〜70%，吸光度で0.15〜0.8になるように，濃度や光路長を調節して測定するのがよいことがわかる．

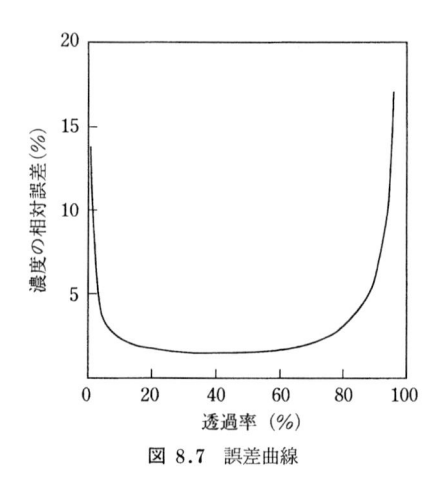

図8.7 誤差曲線

8.1.6 溶液内反応の解析への応用

呈色試薬（配位子）との錯形成反応を利用して金属イオンを吸光光度法で定量する場合には，ただ一種の組成の錯体が定量的に生成するように条件を設定する必要がある．ここでは，吸光光度法で錯体の組成や生成定数を決定する方法について述べる．また，錯体の生成定数を決定する場合に必要となる，配位子のプロトン付加定数の決定法についてもふれる．

a. 連続変化法による錯体の組成の決定

金属イオンMと配位子Lとから錯体ML_nを生成する反応（イオンの電荷は省略）

を例にして，吸光光度法で n を決定する方法を述べる．

$$M + nL \rightleftharpoons ML_n \tag{8.8}$$

式(8.8)の反応だけが起きているとして，M と L の全濃度を C_M と C_L で表わし，ML_n の生成定数を K で表わすと

$$C_M = [M] + [ML_n] \tag{8.9}$$
$$C_L = [L] + n[ML_n] \tag{8.10}$$
$$K = \frac{[ML_n]}{[M][L]^n} \tag{8.11}$$

を得る．$[ML_n] = a$ とおくと

$$K = \frac{a}{(C_M - a) \times (C_L - na)^n} \tag{8.12}$$

となる．

今，$C_M + C_L = C$ を一定に保って，C_M を 0 から C まで変化させて，a が最大になる条件を見つけるために，式(8.12)を

$$K = \frac{a}{(C_M - a) \times (C - C_M - na)^n} \tag{8.13}$$

のように書き換え

$$a = K\{(C_M - a) \times (C - C_M - na)^n\} \tag{8.14}$$

のように変形して得られる式(8.14)を C_M で微分すると

$$\frac{da}{dC_M} = K\left\{\left(1 - \frac{da}{dC_M}\right)(C - C_M - na)^n\right\}$$
$$+ K\left\{n(C_M - a)(C - C_M - na)^{n-1}\left(-1 - n\frac{da}{dC_M}\right)\right\} \tag{8.15}$$

となる．a が最大になる条件を見つけるために，$da/dC_M = 0$ を代入すると

$$C_L = n \times C_M \tag{8.16}$$

を得る．

錯体として ML_n だけが生成している場合には，$\varepsilon_{ML_n} > \varepsilon_L \gg \varepsilon_M$ が成り立つ波長で測定した吸光度〜C_L/C のプロットは，図8.8に示すように，

$$\frac{C_L}{C} = \frac{n}{n+1}$$

で最大の吸光度を与える．このようにして生成する錯体の組成を決めることが

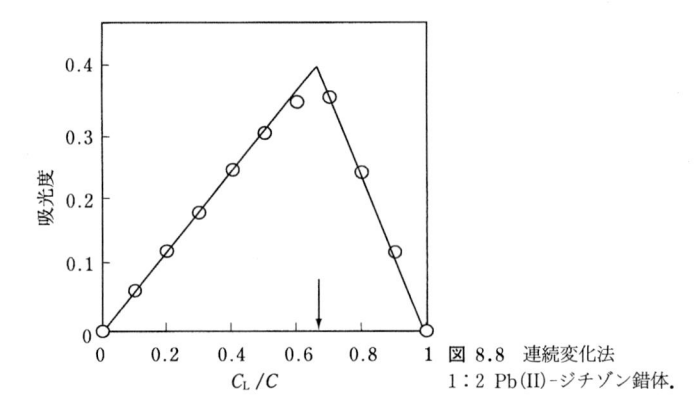

図 8.8 連続変化法 1:2 Pb(II)-ジチゾン錯体.

できる．この方法を連続変化法という．

b. プロトン付加定数の決定

一プロトン酸 HL の共役塩基 L^- へのプロトン付加反応

$$H^+ + L^- \rightleftharpoons HL \tag{8.17}$$

の平衡定数 K_{HL}

$$K_{HL} = \frac{[HL]}{[H^+][L^-]} \tag{8.18}$$

を吸光光度法で決定する場合を考える．

この場合には，まず HL の吸収スペクトルの pH 変化を測定する．式 (8.17) の平衡だけが観察されている場合には，図 8.9 のように等吸収点をもつ一連のスペクトルが得られるとともに，HL と L^- の極大吸収波長がわかる．L^- の極大吸収波長を測定波長に選んだ場合には，図 8.10 のような吸光度と pH の関係を得る．

物質収支より，HL の全濃度 C_{HL} は

$$C_{HL} = [HL] + [L^-] \tag{8.19}$$

系の吸光度 A は

$$A = \varepsilon_{HL}[HL] + \varepsilon_L[L^-] \tag{8.20}$$

で表わされるが，pH が低く，$[HL] \gg [L^-]$ が成り立つ場合の吸光度を A_1 とすると，この条件では

$$C_{HL} = [HL] \tag{8.21}$$

$$A_1 = \varepsilon_{HL} C_{HL} \tag{8.22}$$

となる．一方，pH が高く $[HL] \ll [L^-]$ が成り立つ場合の吸光度を A_2 とする

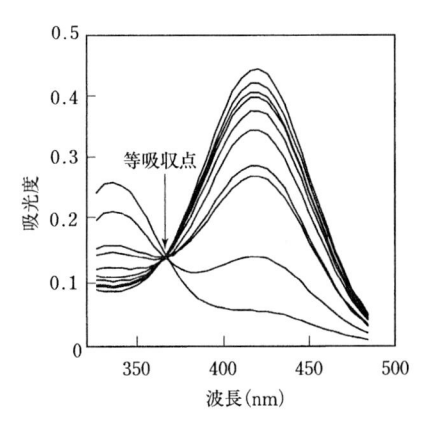

図 8.9 8-ニトロ-2-メチル-5-ヒドロキシクロモンの吸収スペクトルの pH 変化

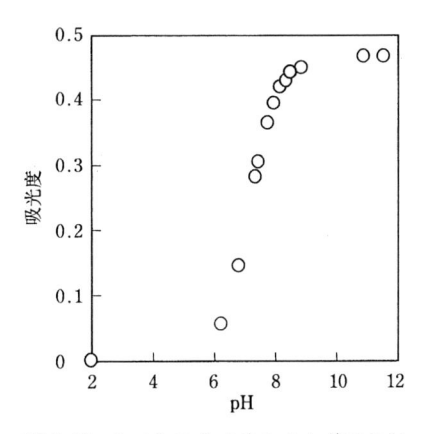

図 8.10 8-ニトロ-2-メチル-5-ヒドロキシクロモンの pH による吸光度変化
図 8.9 の $\lambda=410\,\mathrm{nm}$ における吸光度に対応する．

と，この条件では

$$C_{\mathrm{HL}}=[\mathrm{L}^-] \tag{8.23}$$

$$A_2=\varepsilon_{\mathrm{L}}\,C_{\mathrm{HL}} \tag{8.24}$$

であるから

$$A-A_1=(\varepsilon_{\mathrm{L}}-\varepsilon_{\mathrm{HL}})[\mathrm{L}^-] \tag{8.25}$$

$$A_2-A=(\varepsilon_{\mathrm{L}}-\varepsilon_{\mathrm{HL}})[\mathrm{HL}] \tag{8.26}$$

を得る．式(8.25)と式(8.26)を式(8.18)に代入して，対数をとると

$$\log\frac{A_2-A}{A-A_1}=-\mathrm{pH}+\log K_{\mathrm{HL}} \tag{8.27}$$

となる．したがって pH に対して $\log\{(A_2-A)/(A-A_1)\}$ をプロットして得られる傾き −1 の直線の切片から $\log K_{\mathrm{HL}}$ が得られる（図 8.11）．

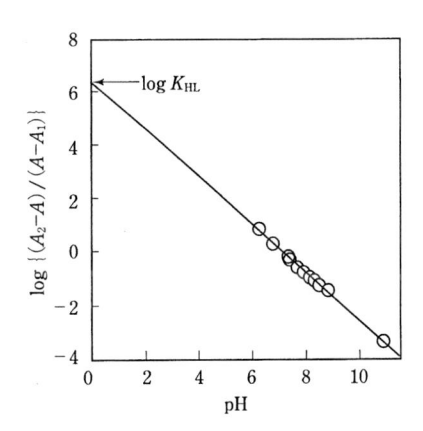

c. 錯体生成定数の決定

金属イオン M^+ と配位子 L^- とから金属錯体 ML を生成する反応

$$\mathrm{M}^+ + \mathrm{L}^- \rightleftharpoons \mathrm{ML} \tag{8.28}$$

の平衡定数 K_{ML}

$$K_{\mathrm{ML}}=\frac{[\mathrm{ML}]}{[\mathrm{M}^+][\mathrm{L}^-]} \tag{8.29}$$

図 8.11 $\log\{(A_2-A)/(A-A_1)\}\sim\mathrm{pH}$

を吸光光度法で決定する場合を考える．

　この場合には，金属イオンの全濃度 C_M を $C_M \gg C_L$ となるように設定してMLだけが生成するようにする．また，pHを $[HL] \gg [L^-]$ となるように十分低くする．

　このような条件での錯形成反応は，

$$M^+ + HL \rightleftharpoons ML + H^+ \tag{8.30}$$

で表わされ，その平衡定数 K は

$$K = \frac{[ML][H^+]}{[M^+][HL]} \tag{8.31}$$

と表わされる．$C_M \gg C_L$ で C_M と C_L を一定に保ち，吸収スペクトルのpH変化を測定する．式(8.30)の平衡だけが観察されている場合には，図8.9と同様に等吸収点をもつ一連の吸収スペクトルが得られるとともに，HLとMLの極大吸収波長がわかる．MLの極大吸収波長を測定波長に選んだ場合には図8.10と同様な吸光度とpHの関係を得る．

　物質収支より，HLの全濃度 C_{HL} は

$$C_{HL} = [L^-] + [HL] + [ML] \tag{8.32}$$

系の吸光度 A は

$$A = \varepsilon_{HL}[HL] + \varepsilon_{ML}[ML] \tag{8.33}$$

で表わされるが，pHが低く，$[HL] \gg [ML]$ が成り立つ場合の吸光度を A_1 とすると，この条件では

$$C_{HL} = [HL] \tag{8.34}$$

$$A_1 = \varepsilon_{HL} C_{HL} \tag{8.35}$$

となる．一方，pHが高く，$[HL] \ll [ML]$ が成り立つ場合の吸光度を A_2 とすると，この条件では

$$C_{HL} = [ML] \tag{8.36}$$

$$A_2 = \varepsilon_{ML} C_{HL} \tag{8.37}$$

であるから

$$A - A_1 = (\varepsilon_{ML} - \varepsilon_{HL})[ML] \tag{8.38}$$

$$A_2 - A = (\varepsilon_{ML} - \varepsilon_{HL})[HL] \tag{8.39}$$

を得る．式(8.38)と式(8.39)を式(8.31)に代入して，対数をとると

$$\log \frac{A - A_1}{A_2 - A} = \mathrm{pH} + (\log K + \log C_M) \tag{8.40}$$

となる．したがって，pH に対して $\log\{(A-A_1)/(A_2-A)\}$ をプロットして得られる傾き 1 の直線の切片から $\log K + \log C_M$ すなわち K が得られる．式 (8.29) の K_{ML} は

$$K_{ML} = K \times K_{HL} \tag{8.41}$$

から算出する．

8.2 吸光光度法に関する実験

■ 実験 8.1　1,10-フェナントロリンを用いる鉄の定量

1,10-フェナントロリンと鉄(II)は，pH 2～9 で赤色のキレート錯体を生成する．鉄(III)は，塩酸ヒドロキシルアミンやアスコルビン酸などで鉄(II)に還元した後，反応させる．

1,10-フェナントロリン

【試薬】
① 1,10-フェナントロリン溶液：1,10-フェナントロリン塩酸塩 0.12 g を蒸留水で 100 cm^3 とする．
② 1% 塩酸ヒドロキシルアミン溶液
③ 酢酸塩緩衝液：酢酸アンモニウム 250 g と酢酸 700 cm^3 を蒸留水で 1 dm^3 とする．
④ 鉄(II)標準溶液：硫酸アンモニウム鉄(II)六水和物 [Fe(NH$_4$)$_2$(SO$_4$)$_2$·6H$_2$O] 7.0213 g を少量の蒸留水に溶解し，10% 塩酸 3 cm^3 を加え，蒸留水で 1 dm^3 とする．使用の際は 100 倍に希釈し，10 μg Fe(III)/cm^3 溶液として用いる．

【操作】
100 cm^3 メスフラスコに試料溶液（Fe として 5～200 μg）を加え，塩酸ヒドロキシルアミン溶液 5 cm^3，1,10-フェナントロリン溶液 10 cm^3，酢酸塩緩衝液 20 cm^3 を加え蒸留水で定容とし，混合後 30 分間静置し，510 nm の吸光度を測定する．同様にして作成した検量線から鉄の濃度を求める．

■ 実験 8.2　ジアゾカップリング反応を用いる亜硝酸イオンの定量

亜硝酸イオンは塩酸酸性下でスルファニルアミドをジアゾ化し，そのジアゾ化合物は N-(1-ナフチル)エチレンジアミンがカップリングして桃赤色の色素を生成する（次ページの反応スキーム参照）．この方法はスルファニル酸と 1-ナフチルアミンを用いるグリース-ロマイン法を改良した方法である．

$H_2N-\langle\rangle-SO_2NH_2 \xrightarrow{HNO_2+HCl} Cl^{\ominus}N_2N^{\oplus}-\langle\rangle-SO_3NH_2$

$\langle\text{naphthyl}\rangle-NHCH_2CH_2SO_3NH_2$
N-(1-ナフチル)エチレンジアミン

$H_2NH_2CH_2CHN-\langle\text{naphthyl}\rangle-N=N-\langle\rangle-SO_2NH_2$

【試薬】

① スルファニルアミド溶液：スルファニルアミド 0.5 g を塩酸(1+1) 100 cm^3 に加温して溶解する．

② ナフチルエチレンジアミン溶液：N-(1-ナフチル)エチレンジアミン塩酸塩 0.12 g を蒸留水 100 cm^3 に溶解する．

③ 亜硝酸標準液：亜硝酸ナトリウムを 110°C で 4 時間乾燥し，0.2250 g を蒸留水に溶解し 1 dm^3 とし，これを 200 倍に希釈して 0.75 μg NO$_2^-$/cm^3 溶液とする．

【操作】

25 cm^3 メスフラスコに試料溶液 10〜20 cm^3 (NO$_2^-$ 7.5 μg 以下) を取り，スルファニルアミド溶液 1 cm^3 を加えて混合し，次にナフチルエチレンジアミン溶液 1 cm^3 を加えて，蒸留水で定容とする．20 分間放置後，試薬ブランクを対照として 540 nm の吸光度を測定し，検量線から亜硝酸イオンの量を求める．

8.3 蛍光光度法

蛍光光度法は，吸収した光のエネルギーが，別の光（蛍光）として放出される現象を利用する分析法である．有機物や無機物の定性および定量分析法として有用な方法の一つであり，分析化学ではもちろんのこと生化学・臨床化学などの分野でも利用されている．

8.3.1 蛍光の原理

外部からエネルギーが加えられない場合，分子やイオンは最低のエネルギー状態（基底状態）にある．基底状態にある外殻電子対は，普通はスピン量子数が $+1/2$ と $-1/2$ の状態（一重項状態：S_0）にある．S_0 にある化学種が光を吸収す

ると、図8.12に模式的に示すように、より高いエネルギー状態である励起状態に遷移する。励起状態でも外殻電子対のスピン量子数は、普通は$+1/2$と$-1/2$の状態（励起一重項状態：S_1やS_2）にある。各々のSには複数の振動準位があるので、光の吸収に伴う電子遷移のパターンには、S_0の最低振動準位から第一励起一重項状態S_1の各振動準位への遷移、S_0の最低振動準位から第二励起一重項状態S_2の各振動準位への遷移がある。励起スペクトルと

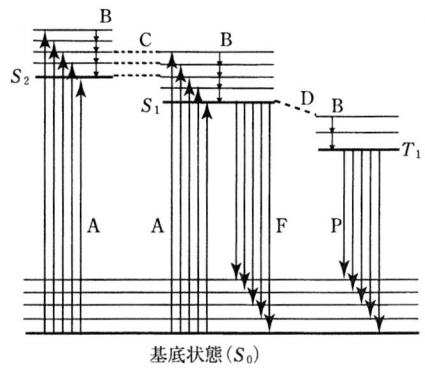

図 8.12 光の吸収および緩和過程の模式図
A：吸収、B：振動緩和、C：内部転換、D：項間交差、P：リン光、F：蛍光．

呼ばれるスペクトルは、各々の遷移エネルギーに対応する波長を横軸に、そのエネルギー成分が出現する頻度を縦軸に示したものであり、吸光光度法の吸収スペクトルに対応する．

　S_2にある化学種は非常に不安定であるので、吸収したエネルギーを熱や他の分子との衝突により失いながらS_1に遷移し（内部転換）、さらに溶媒分子との衝突によりエネルギーを失いS_1の最低振動準位に遷移する（振動緩和）。この内部転換と振動緩和の過程は非常に速い（$\sim 10^{-12}$秒）。このようにして到達したS_1の最低振動準位からS_0への遷移が最後に起こる。この遷移には、① エネルギーが光として放出される蛍光過程と、② 外殻電子対のスピン量子数が$+1/2$と$+1/2$の状態（三重項状態：T_1）に一度遷移し（項間交差）、その後T_1の最低振動準位からエネルギーが光として放出されるリン光過程とがある。蛍光過程は$10^{-9}\sim 10^{-6}$秒で生じ、リン光過程の$>10^{-4}$秒と比べると非常に速い。したがって、蛍光は励起光源を遮断すると感知できないが、リン光は残光が感知されることがある．

8.3.2 励起および蛍光スペクトル

　蛍光波長を固定し、励起光波長の波長変化を測定すると励起スペクトルが得られる。逆に励起光波長を固定し、蛍光強度の波長変化を測定すると蛍光スペクトルが得られる。励起および蛍光スペクトルで蛍光強度が極大値を示す波長を、励起極大波長および蛍光極大波長という。通常励起スペクトルを測定する際の蛍光波長には、蛍光極大波長を、また蛍光スペクトルを測定する際の励起

波長には励起極大波長を用いる．

図 8.13 に示すように，蛍光スペクトルは励起スペクトルより長波長側にある．これは分子が励起される際に吸収した光のエネルギーは，内部転換などでその一部が失われるので，蛍光として放出するエネルギーは，吸収したエネルギーより小さくなるために長波長側に観察される．

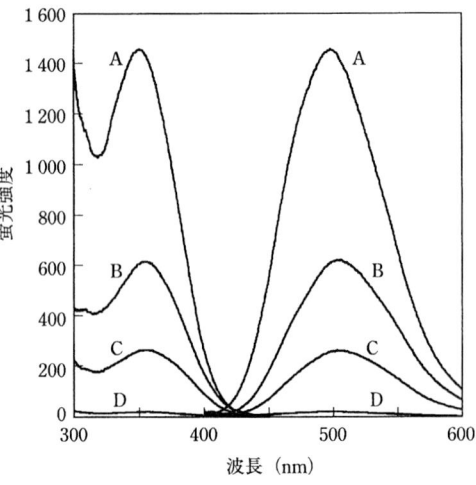

図 8.13 Al, In, Ga のオキシン-5-スルホン酸錯体の蛍光スペクトル
A：Al，B：In，C：Ga，D：ブランク．

8.3.3 蛍光強度と濃度

蛍光強度（F）は，蛍光物質が吸収した励起光の強さ I_e とその光のエネルギーが蛍光として放出される効率（蛍光量子収率 ϕ_f）によって決まり，次式で表わされる．

$$F = I_e \phi_f \tag{8.42}$$

吸収した光の強さ I_e を入射光（I_0）と透過光（I）の強さで表わせば，

$$I_e = I_0 - I \tag{8.43}$$

である．ランベルト-ベールの法則を用いて書き換えると

$$F = I_0(1 - 10^{-\varepsilon Cl}) \phi_f \tag{8.44}$$

εCl すなわち吸光度が非常に大きく $10^{-\varepsilon Cl}$ が 1 に対して無視できるほど小さいときには，事実上

$$F = I_0 \phi_f \tag{8.45}$$

と蛍光強度は一定となる．逆に εCl が約 0.01 以下であれば

$$F = 2.303 I_0 \varepsilon Cl \phi_f \tag{8.46}$$

となり，蛍光強度は濃度に比例する．

8.3.4 装 置

蛍光および励起スペクトルを測定する蛍光分光光度計の構成の概略を図 8.14 に示す．

① 光源部：一般的には，広い波長領域で連続光を与えるキセノンランプを

8.3 蛍光光度法

励起光源として用いる．水銀灯が用いられることもある．

② 励起側分光部：吸光光度計と同様であり，単色光はプリズムまたは回折格子により取り出される．

③ 試料室：セルは一般的には紫外線透過無蛍光性石英セルを用いる．

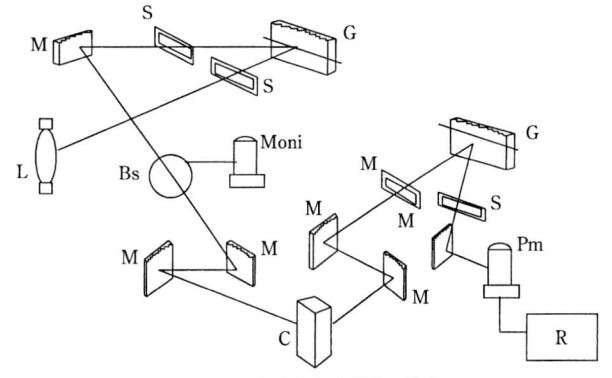

図 8.14 蛍光分光光度計の構成
L：光源(Xeランプ)，S：ミラー，G：回折格子，Moni：モニタ，Bs：ビームスプリッター，C：セル，Pm：光電子増倍管，R：記録計（コンピュータ）．

④ 発光側分光部：蛍光の測定は，背面観測である吸収の測定と異なり，励起光の入射面に対して直角方向で測定する側面観測である．したがって，発光側分光器は，入射面に対して直角方向に置き，プリズムもしくは回折格子により蛍光を単色光として取り出す．

⑤ 受光部：光電子増倍管が用いられる．

8.3.5 蛍光と化学構造

蛍光と化学構造との間には関連がある．化学物質が光を吸収し，無輻射遷移を起こしにくいことが蛍光を発するためには必要である．

a. 有機化合物

有機化合物の発蛍光性については経験的に二つの条件が考えられる；① 分子は共役二重結合を含むこと，② 共役系に助蛍光団（光の吸収を高め，無輻射遷移を起こしにくい置換基，たとえば $-OH$，$-NH_2$，$-OCH_3$）が，適当な位置に適当な数があること．さらに，これらが共鳴構造の安定化につながることが必要になる．

b. 無機化合物

無機化合物（金属イオン）自身が溶液中で蛍光を発する例は，酸性溶液中でのU, Ceが知られている程度できわめてまれである．したがって，多くの金属イオンは発蛍光性有機キレート試薬との反応により発蛍光性金属キレート化合物とし蛍光分析される．金属イオンの蛍光分析に利用される主なキレート試薬

には，8-キノリノール(オキシン)，フラボノール，ヒドロキシアゾ化合物とその誘導体などがある．

8.3.6 蛍光に影響を与える因子

a. 消光作用

蛍光が減少する現象を蛍光の消光という．消光は，蛍光を発する分子同士あるいは他の物質との相互作用に起因し，次のようなものが知られている．

① 濃度消光：蛍光性物質がある濃度以上になると，蛍光強度が減少する現象をいう．未励起分子の衝突，無蛍光性の会合体の生成などにより生じる．

② 常磁性イオンによる消光：常磁性金属イオンは，蛍光を大きく消光する．蛍光性物質との相互作用において，無輻射遷移が増すことによる．

③ 酸素分子による消光：常磁性三重項状態の酸素分子と励起分子との錯形成により，無輻射遷移が増す．この酸素分子による消光の程度は，蛍光性物質の構造によりかなり異なる．

④ 重ハロゲンによる消光：ハロゲン原子と蛍光性分子との相互作用において，三重項状態への項間交差が増すためと考えられている．

⑤ 温度消光：温度が上昇するにつれて，分子の衝突によるエネルギーの放出，内部転換，項間交差が増し，蛍光強度が減少する．したがって，蛍光測定は一定温度で行うことが好ましい．

b. 溶媒

蛍光性物質は，溶液中では溶媒和した化学種である．したがって，同じ蛍光性物質でも溶媒により溶媒和の種類や強さが異なるため，蛍光性物質の蛍光量子収率は溶媒に依存する．すなわち，双極子間相互作用，水素結合，電荷移動などの蛍光性物質-溶媒間相互作用により蛍光量子収率が変化し，蛍光スペクトルのシフトや蛍光強度の増減が生じる．

有機溶媒中では，水溶液中よりも蛍光強度が大きくなる場合が多い．界面活性剤ミセル内に蛍光性物質が取り込まれると，水溶液中でも蛍光強度がかなり強くなることがある．いずれも消光作用を示す場合が多い水分子との相互作用が低下するか，あるいはそれから隔離されることが大きな要因と考えられる．

c. pH

中和蛍光指示薬の例にみられるように，酸解離により化学種が変化する場合には，蛍光スペクトルおよび蛍光強度が変化する．このような場合には，適切なpHに保つ必要がある．

d. 共存物質

　実試料の蛍光分析では，マトリックス中にさまざまな物質が共存する．また，分析に使用する試薬や溶媒も時により微量の不純物を含む．これらの共存物質や不純物が，消光作用，発蛍光，反応，励起光もしくは蛍光の吸収などにより，蛍光スペクトルや蛍光強度に影響を及ぼすことがある．蛍光特性に影響を及ぼす共存物質は，可能な限り除去しなければならない．また，使用する試薬は，高純度なものや精製したもの，あるいは蛍光分析用のものなどが好ましい．

8.3.7 蛍光分析の感度

　蛍光光度法は，吸光光度法より一般的に検出限界は少なくとも1～2桁低い．吸光光度法は，入射光に対する透過光のエネルギーの比を測定するため，この二つのエネルギーの信号の識別能力に左右される．これに対して蛍光光度法では，式(8.46)に示したように励起光強度に比例する絶対強度を測定するので，蛍光強度は光源の強度と検出器の感度，安定性などの装置の特性に依存する．そのため，蛍光光度法ではこれらにより感度がかなり左右されるので，簡単には感度を相互比較できない．

8.3.8 蛍光光度法の技術

　一般的な蛍光光度法では，分析対象物である蛍光性化合物の励起極大波長の光で励起し，蛍光極大波長で受光した蛍光強度を測定する．

　同期蛍光光度法（シンクロナス蛍光光度法）では，励起波長と蛍光波長との間隔（$\Delta\lambda$）を一定に保ち，同時に走査して蛍光強度を測定する．この方法では，励起効率と発光効率を相乗したシャープなスペクトルが得られる．$\Delta\lambda$ を変えるとスペクトルは変化するので，適切な $\Delta\lambda$ を選択することにより，蛍光性共存物質のスペクトルと分離することも可能になり，多成分同時分析が可能となる．図8.15は図8.13のAl錯体とIn錯体を $\Delta\lambda=125$ nm で測定した同期スペクトルである．図8.13に比べてピークの位置が異なっていることがわかる．

　蛍光強度を波長で微分する（$dF/d\lambda$）と，ブロードなスペクトルはほとんど消滅する．したがって，キレート試薬との錯体の蛍光を用いて金属イオンを定量する場合，過剰のキレート剤の蛍光の寄与をほとんど無視することができる．さらに，同期スペクトルを微分すると，その効果がより顕著となる．図8.13に示したオキシン-5-スルホン酸のAlおよびIn錯体の蛍光スペクトルは通常のスペクトルではほとんど重なり，図8.15の同期スペクトルにおいても

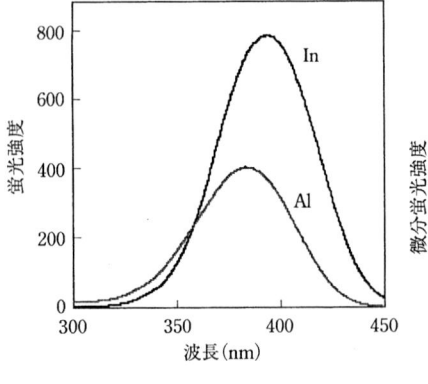

図 8.15 AlおよびInのオキシン-5-スルホン酸錯体の同期蛍光スペクトル Δλ：125 nm．

図 8.16 AlおよびInのオキシン-5-スルホン酸錯体の同期一次微分スペクトル

ピークを分離できない．そのために定量において互いに干渉するが，これを微分したスペクトル（図 8.16）で，一方の成分の微分強度が0となる波長（Al 391 nm, In 374 nm）を用いれば，選択的な定量が可能になる．

8.4 蛍光光度法に関する実験

実験8.3 2,3-ジアミノナフタレンを用いる亜硝酸イオンの蛍光定量

亜硝酸イオンはジアゾカップリング反応による吸光光度法で一般的には定量される（実験8.2参照）．この吸光光度法の感度は比較的高い．しかし，蛍光光度法はさらに感度が高く，極微量の亜硝酸イオンの定量が可能である．2,3-ジアミノナフタレン（DAN）は，酸性下で亜硝酸イオンと反応して，1-[H]-ナフトトリアゾールを生成する．1-[H]-ナフトトリアゾールは塩基性溶液中で強い蛍光を発する．

【試薬】

① 2,3-ジアミノナフタレン（DAN）溶液：DAN 25 mg を，0.5 M 硫酸に溶解し100 cm^3 とする．DAN 中の不純物を除く必要がある場合には，クロロホルムなどに溶解し，0.5 M 硫酸と振り混ぜた後，その水相をDAN溶液として用いるのが好ましい．

② 標準亜硝酸ナトリウム溶液：亜硝酸ナトリウムを110℃で2時間乾燥後，0.0150 gを蒸留水に溶解し100 cm³とし，亜硝酸イオン100 μg/cm³溶液を調製する．
③ 10％水酸化ナトリウム溶液

【操作】
共栓つき試験管に，亜硝酸イオン2〜2000 μgを含む溶液2 cm³を加え，DAN溶液1 cm³を加えて混合する．室温で5分間放置後，10％水酸化ナトリウム溶液1 cm³を加えて混合し，381 nmで励起し，407 nmの蛍光強度を測定する．同様の方法で作成した検量線を用いて亜硝酸イオンの濃度を求める．

■ 実験8.4　8-ヒドロキシキノリンスルホン酸によるアルミニウムとガリウムの分別定量

インジウム(III)とガリウム(III)は，ともに8-ヒドロキシキノリンスルホン酸と黄緑色の蛍光を発する水溶性錯体を生成する．界面活性剤を共存させると蛍光強度は大きくなるが，両者のスペクトル特性にはわずかな差があるのみで，通常の蛍光光度法では分別定量は困難である．そこで，同期一次微分法を用いて分別定量する．

【試薬】
① 2×10^{-4} M 8-ヒドロキシキノリンスルホン酸水溶液
② 1 mg/cm³アルミニウムおよびガリウム標準液：$AlCl_3 \cdot 6H_2O$ および $GaCl_3$ を 0.5 M H_2SO_4 に溶解．
③ リン酸緩衝液：0.1 M H_2KPO_4 と NaOH で pH 7 とする．
④ 5×10^{-2} M 臭化セチルトリメチルアンモニウム（CTAB）水溶液

【操作】
試料溶液1 cm³（Al，Ga，0.2〜6 μg）を25 cm³メスフラスコに取り，8-ヒドロキシキノリンスルホン酸水溶液1 cm³，CTAB溶液2 cm³，緩衝液5 cm³を加えて，蒸留水で定容とする．30分放置後，同期波長幅125 nmで同期蛍光スペクトルを測定し，それを一次微分する．386 nm（Al）および374 nm（Ga）での同期微分蛍光強度を読み，検量線よりAlおよびGaの量を求める．

8.5　原子スペクトル分析

8.5.1　原子スペクトル分析法の原理

熱平衡にある自由原子（金属蒸気を想定）のうち，最低のエネルギー準位（基底状態）にある原子数と，より高いエネルギー準位（励起状態）にある原子数の比は次のマックスウェル-ボルツマン（Maxwell-Boltzmann）分布に従う．

$$\frac{N_e}{N_0} = \frac{g_e}{g_0} e^{(E_e - E_0)/kT} \quad (8.47)$$

ここで添字 o は基底状態，添字 e は励起状態，N は原子数，g は統計的重率，E はエネルギー，k はボルツマン（Boltzmann）定数，T は絶対温度を示す．このような関係はイオンの基底および励起状態の間でも同様である．

原子のエネルギー準位は電子軌道に対応する．つまり基底状態の最外殻電子は原子殻に近い軌道に存在するが，温度の上昇によってエネルギーが高くなる（励起される）と最外殻電子はより離れた軌道に順次移り，ついには原子核の勢力領域から飛び出して自由電子となり，原子自身はイオン化される．原子の励起状態の概念図を図 8.17 に示す．

これらのエネルギー準位は原子の種類（元素）に固有であり，同じエネルギーの準位は存在しない．そして，準位間の移動（遷移）では，その差に正確に合致した値のみが許容

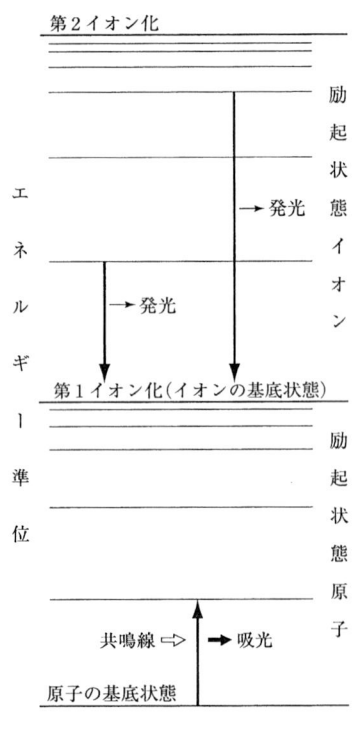

図 8.17 原子の励起状態概念図

される．すなわち，高い励起状態にある原子が，より低い励起状態または基底状態に戻る際，準位間のエネルギー差に正確に合致した波長の光（線スペクトル）のみを放出（発光）し，その波長は元素固有である．逆に基底状態の原子は準位間の差に等しい波長の光のみを吸収（吸光）し，励起状態になる．このような元素に固有の波長をもつ発光線または吸光線を分析線という．

8.5.2 原子発光分析

原子発光分析では，励起状態原子を生成するための加熱-励起源として，化学炎（空気-アセチレン炎，酸素-水素炎など），直流アークまたは交流スパーク放電，アルゴンプラズマの順に，より高温の励起源が開発されてきた．現在では，高周波（27.12 または 40.68 MHz，約 1 kW）の誘導結合により発生するアルゴンプラズマを励起源とする誘導結合プラズマ原子発光法（inductively coupled plasma atomic emission spectrometry：ICP-AES）が，広く普及している．

原子発光分析装置の概念を図 8.18 に示す．液体試料（溶液）を測定対象とす

るこの分析法では，試料導入部でアルゴンガスと噴霧器により作られた微細液滴（噴霧溶液の約1％）中の原子が，約10000Kのドーナツ状プラズマに送られ，下に示すように最終的に励起原子，あるいはさらに励起イオンとなる．

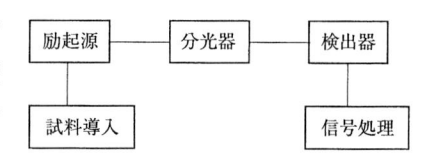

```
励起源 ─ 分光器 ─ 検出器
  │              │
試料導入       信号処理
```

図 8.18　原子発光分析の装置構成

微細液滴→塩粒子→酸化物→自由原子→
励起原子→原子イオン→励起イオン

励起原子（イオン）からの発光線は，分光器により選別され，検出器で電気信号に変換される．その強度はプラズマ中の励起原子濃度，したがって噴霧した溶液中の目的元素濃度に比例する．測定に最適な分析線を決め，その発光強度とあらかじめ調製した標準溶液中の元素濃度との関係（検量線）を調べておけば，試料溶液の発光強度を検量線にあてはめることにより，含まれる元素濃度を算出することができる．ICP-AES法によるケイ酸塩岩石中のアルミニウムの定量実験に関して，実験8.5に記す．

8.5.3　原子吸光分析

原子吸光分析（atomic absorption spectrometry：AAS）には，基底状態原子を生成し，それを保持するための原子セルとして，化学炎（空気-アセチレン炎）を用いるフレーム法（Flame-AAS）と，グラファイトあるいは金属チューブを用いてジュール熱により加熱するファーネス法（Furnace-AAS）がある．原子吸光分析装置の概念を図8.19に示す．

フレーム原子吸光法では，液体試料（溶液）を測定対象とし，試料導入部で空気と噴霧器により作られた微細液滴（噴霧溶液の約7％）中の原子は，アセチレンガスとともにバーナーに送られ，下に示すように基底状態の自由原子となる．

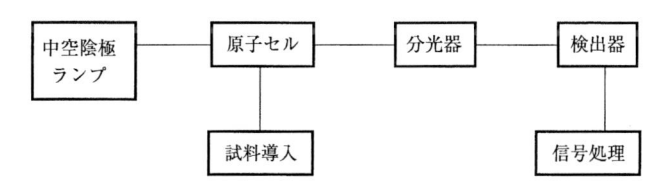

```
中空陰極 ─ 原子セル ─ 分光器 ─ 検出器
ランプ        │                    │
           試料導入              信号処理
```

図 8.19　原子吸光分析の装置構成

微細液滴→塩粒子→酸化物→自由原子（基底状態）

　ファーネス原子吸光法でも，原子セルを順次加熱することにより，注入した試料溶液は，乾燥，灰化，原子化され，フレーム法と同様に基底状態の自由原子を生成する．ファーネス法は，フレーム法や先の誘導結合プラズマ発光法に比べ10〜100倍の高感度を与えるが，共存成分による測定妨害を受けやすい．

　測定元素の基底状態原子は，励起状態とのエネルギー差に合致する固有波長の光を吸収して励起状態になる．この線スペクトル光源が中空陰極ランプであり，測定には元素ごとに異なるランプが必要である．原子セルに照射される線スペクトルの強度を I_0，吸収後の強度を I とすれば，吸光光度法(8.1節参照)と同様にランベルト-ベール（Lambert-Beer）の式が成立する．

$$\frac{I}{I_0} = e^{-kCl} \quad \text{または} \quad A = -\log\frac{I}{I_0} = kCl \tag{8.48}$$

ここで A は吸光度，k は定数，C は基底状態原子濃度，l は原子セル（吸収層）長である．原子セルにはカーテン状のスロットバーナー（10 cm）を用いる．

　吸光度は原子セル中の基底状態原子濃度，すなわち噴霧した溶液中の目的元素濃度に比例する．したがって原子発光測定の場合と同様に，標準溶液による検量線を用いて，試料溶液中の元素濃度を決定することができる．

8.5.4 原子吸光分析における干渉とその除去

　共存成分によって測定が妨害される現象を干渉という．この干渉を防止するための干渉抑制剤として，標準および試料溶液に，同じ濃度で，しかも高濃度の物質を添加する．

a. 物理的干渉

　標準溶液と試料溶液の総濃度が異なると，粘性や表面張力が異なるために，溶液の吸込速度と噴霧効率（微細液滴の発生量）が変わり，正しい測定ができなくなる．通常は希薄溶液を測定するので問題にならないが，標準溶液と試料溶液中の主成分の濃度（たとえば酸の種類とその濃度）を同一にする，いわゆるマトリックスマッチングを行うことが望ましい．

b. 化学的干渉

　共存成分と分析目的元素が強く結合して耐火性の塩粒子となる場合，また生成した酸化物の熱解離が困難な場合には，基底状態原子の生成が阻害されて，吸光度が減少する．たとえばカルシウム測定で，リン酸，ケイ酸，アルミニウ

ムなどが共存すると難解離性の塩を生じ，化学的干渉が起こる．この場合，ランタンイオンを干渉抑制剤として添加しておくと，妨害はマスクされる．

c．イオン化干渉

アルカリやアルカリ土類元素は，容易にイオン化され，基底状態原子が減るために，吸光度が減少する．目的元素よりもイオン化ポテンシャルの低いセシウムイオンなどを添加することで防止できる．

d．バックグラウンド干渉

原子セル中の微粒子（塩，未分解有機物の煙など）による光散乱や分子吸収は，分析目的元素によらない，見かけ（偽）の吸光を引き起こす場合がある．このバックグラウンドは，分析線波長の近傍では波長依存性のない帯スペクトルである．そこで，連続波長光源である重水素ランプと中空陰極ランプからの二つの光を，ハーフミラーにより同一光軸として，原子セルに通過させる．このとき，中空陰極ランプを光源とする吸光信号はバックグラウンドと基底状態原子との和となるのに対して，重水素ランプの吸光信号はバックグラウンドのみである．したがって，前者から後者の信号を電気的に差し引くことにより，分析目的元素による吸光信号のみを得ることができる．

バックグラウンド吸収の補正には，前述の重水素ランプ法のほかに，中空陰極ランプを一時的に高電流で点灯する自己反転（self reversal）法や，原子セルに高磁場をかけるゼーマン（Zeeman）分裂法がある．

8.6 原子スペクトル分析に関する実験

■ 実験 8.5　ケイ酸塩岩石中のアルミニウムの定量

【試料処理】

粉末試料 50 mg を 100 cm^3 の広口ポリびん中に正確にはかり取り，塩酸または硝酸 1 cm^3 とフッ化水素酸 0.4 cm^3 を加え，栓を締めて 6 時間以上放置する．4% ホウ酸 2.4 cm^3 を加え，白色沈殿の溶解後，水で全量を 100 g に希釈する．

【試薬】

高純度の金属アルミニウム 200 mg を塩酸に加熱溶解し，蒸発乾固後，0.5 M 塩酸で希釈し全量を 100 g とする．この標準保存溶液（2 000 μg/g）から，それぞれ 0，1，2，3 g を分取し，硝酸 1 cm^3，フッ化水素酸 0.4 cm^3，4% ホウ酸 2.4 cm^3 を加えて，全量を 100 g とし，0〜60 μg/g の検量線用標準溶液とする．

【操作】

　誘導結合プラズマ発光分光分析装置の測定波長を 396.152 nm にあわせ，その他の測定条件を取扱説明書に従って設定する．標準溶液を測定した後，試料溶液を測定し，得られた検量線から試料溶液中のアルミニウム濃度（μg/g）を求める．なお，試料数が多い場合には，5〜8 試料ごとに検量線用標準溶液を再測定し，試料前後の検量線を用いて定量するのがよい．

　通常のケイ酸塩分析では，各元素を酸化物として報告するので，試料中の酸化アルミニウム（Al_2O_3）としての重量パーセント（％）に換算する．その他の主成分元素（ケイ素，チタン，鉄，マンガン，カルシウム，マグネシウム，ナトリウムおよびカリウム）も，これらの元素の混合標準溶液を調製しておくと，同様に定量できる．

■ 実験 8.6　飲料水中のマグネシウムとカルシウムの定量

【試料の調製】

　家庭の飲料水または市販ミネラルウォーター 3 cm^3 をマイクロピペットで 5 cm^3 ポリプロピレン容器に取り，2％塩化ランタンの 0.4 M 塩酸溶液 1 cm^3 を加える．

【試薬】

　市販の原子吸光用マグネシウム標準溶液（1000ppm）1cm^3，同カルシウム溶液 10 cm^3，水 9 cm^3 をそれぞれマイクロピペットで取り，混合して中間標準溶液を調製する．この溶液から，それぞれ 0.0，2.0，3.0，4.0 および 5.0 cm^3 を分取し，干渉抑制剤 12.5 cm^3 を加え，全量を 50 cm^3 に希釈し，一連の測定用標準溶液とする．このとき，各標準溶液中のマグネシウム濃度は 0，1，2，3，4，5 ppm，カルシウムは 0，10，20，30，40，50 ppm である．

【操作】

　フレーム原子吸光分析装置にマグネシウム中空陰極ランプを取りつけて波長を 285.2 nm にあわせ，その他の測定条件を取扱説明書に従って設定する．噴霧器ニードルに直結したテフロンミニロートに，マイクロピペットで 0.1 cm^3 の標準溶液を各 3 回ずつ注入し，記録紙上に得られるスパイク状信号の平均の高さを測定する．ついで試料溶液（ランタン添加および無添加）を測定し，先の検量線から試料溶液中のマグネシウム濃度を求め，飲料水中のマグネシウム濃度を算出する．

　中空陰極ランプをカルシウムに換え，同様にカルシウムを測定する．

9章

電気化学分析

　電気化学分析（electrochemical analysis, electroanalysis）は，溶液中の化学種と電極との間で起こる電子の授受などに基づいて，溶液中の化学種を分析する方法である．比較的簡単な装置を用いて高感度の測定を行うことができ，また自動化が容易であるため，環境や生体関連物質の分析に広く応用されている．

9.1 電位差測定

　電位差測定法（potentiometry）は，試料溶液に指示電極（indicator electrode）と参照電極（reference electrode）を浸漬し，その電位差を測定することによって，溶液中の目的化学種の濃度を決定する方法である（図9.1）．指示電極は目的イオンの濃度（厳密には活量）に対応した電位を発生し，化学物質の量を電圧に変換するトランスデューサーとして働く．

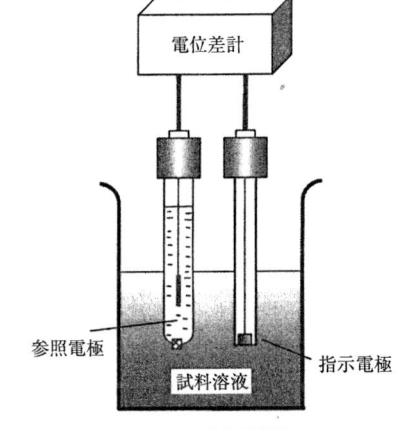

　得られる電位差 E は次式で与えられる．

$$E = E_{ind} - E_{ref} - E_j \quad (9.1)$$

図 9.1　電位差測定

ここで，E_{ind} は指示電極の電位を，E_{ref} は参照電極の電位を，E_j は参照電極の内部溶液と試料溶液との間の液間電位差を示す．E_{ref} および E_j は測定中に変

化しないように工夫することができるので，電池の起電力 E は E_{ind} を反映することになり，その値から目的イオンの濃度を求めることができる．

9.1.1 指示電極

指示電極には，電子の授受により発生する酸化還元電位を指示するものと，膜界面のイオンの分配により発生する膜電位を指示するものとがある．

a. 活性電極

電極自身が酸化還元反応に関与する場合，その電極を活性電極（active electrode）という．ある金属 M の電極をその共役酸化体 M^{n+} を含む溶液に浸す場合，半電池反応 $M^{n+} + ne^- \rightleftharpoons M$ に従って次のような電極電位 E が得られる．

$$E = E° + \frac{RT}{nF} \ln[M^{n+}] \tag{9.2}$$

ここで，$E°$ は標準酸化還元電位，T は絶対温度，n は電極反応に関与する電子数，F はファラデー定数，ln は e を底とする自然対数である．

実際には，この種の電極で再現性のある電極電位を得ることは難しく，金属イオンの定量に使用できるのは，Hg^{2+}/Hg，Hg_2^{2+}/Hg，Ag^+/Ag など二，三の例に限られる．

b. 酸化還元電極（redox electrode）

共役した酸化体および還元体を含む溶液に不活性電極（inert electrode）を浸すと，それらの濃度を反映した電位が得られる．たとえば，Fe^{3+}/Fe^{2+} を含む溶液に白金電極を浸して得られる電極電位は，次のネルンスト式に従う．

$$E = E°_{Fe^{3+}/Fe^{2+}} + \frac{RT}{F} \ln \frac{[Fe^{3+}]}{[Fe^{2+}]} \tag{9.3}$$

ここで，$E°_{Fe^{3+}/Fe^{2+}}$ は Fe^{3+}/Fe^{2+} の標準酸化還元電位である．電極電位は鉄の酸化体と還元体の濃度比によって定まるので，電位差定量よりも酸化還元滴定の終点指示に利用される．白金のほかに，金，炭素などが不活性電極として用いられる．

c. 膜電極

あるイオン（符号を含めた電荷を z とする）を選択的に透過する膜を挟んで両側に，そのイオンを含む二つの溶液（その濃度を $[M^z]_1$ および $[M^z]_2$ とする）を置くと，両溶液間に次式に従う膜電位あるいは Donnan 電位が発生する．

$$E = \frac{RT}{zF} \ln \frac{[M^z]_2}{[M^z]_1} \tag{9.4}$$

9.1.2 参照電極（基準電極）

電位差を測定する場合に基準となるような，一定の電位を示す電極を参照電極と呼ぶ．

a. 標準水素電極（normal hydrogen electrode：NHE）

標準酸化還元電位を決める場合の基準となる電極であり，図9.2(a)に示すような構成になっている．白金黒つき白金電極を塩酸（水素イオンの濃度が1 M）に浸し，電極表面のガス圧が1 atmとなるように水素を通じる．

$$2\,\mathrm{H}^+([\mathrm{H}^+]=1\,\mathrm{M})+2\,\mathrm{e}^- \rightleftharpoons \mathrm{H}_2(P_{\mathrm{H}_2}=1\,\mathrm{atm}) \qquad (9.5)$$

この半反応 $\mathrm{H}^+/\mathrm{H}_2$ の示す電位を0と定義することにより，他の酸化還元系の標準酸化還元電位が決定されている（第5章，付表5）．水素電極は取り扱いやすい電極ではないので，実際には以下に示す金属/難溶性塩電極が参照電極として利用される．

b. 銀-塩化銀電極

図9.2(b)にその構成を示す．銀線の上に，電気分解によって塩化銀を析出さ

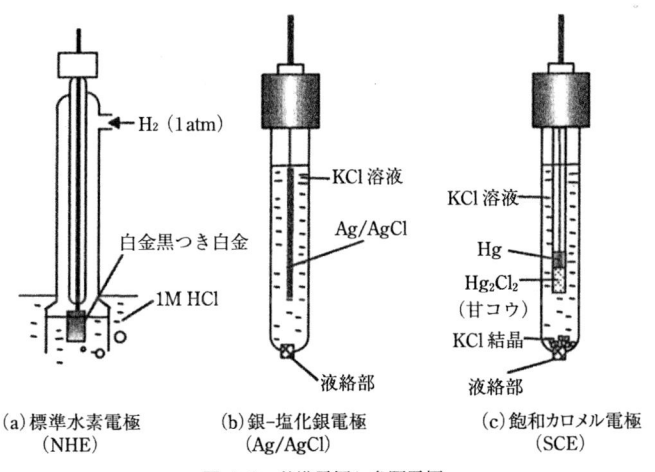

図 9.2 基準電極と参照電極
(a) 標準水素電極 (NHE)
(b) 銀-塩化銀電極 (Ag/AgCl)
(c) 飽和カロメル電極 (SCE)

せて作製する．KClの濃度が高くなると，塩化銀が溶出する傾向があるので，内部液として用いるKCl溶液には塩化銀を飽和させる．この電極の酸化還元半反応および平衡電位は次のように表わされる．

$$Ag^+ + e^- \rightleftharpoons Ag \tag{9.6}$$

$$E = E°_{Ag^+/Ag} + \frac{RT}{F}\ln[Ag^+] \tag{9.7}$$

ここで溶液中の銀イオンの濃度は塩化銀の溶解度積 $K_{sp(AgCl)} = [Ag^+][Cl^-]$ と塩化物イオンの濃度によって次のように決定される．

$$[Ag^+] = \frac{K_{sp(AgCl)}}{[Cl^-]} \tag{9.8}$$

式(9.8)を式(9.7)に代入すると次の式が得られる．

$$\begin{aligned}E &= E°_{Ag^+/Ag} + \frac{RT}{F}\ln K_{sp(AgCl)} - \frac{RT}{F}\ln[Cl^-] \\ &= E°_{AgCl/Ag} - \frac{RT}{F}\ln[Cl^-]\end{aligned} \tag{9.9}$$

ここで $E°_{AgCl/Ag}$ は銀-塩化銀電極の標準電位である．25°Cにおいて，内部溶液として飽和KClを用いる銀-塩化銀電極に対して測定した電位 $E_{(Ag/AgCl)}$ は，NHEに対して測定した電位 $E_{(NHE)}$ と次のような関係となる．

$$E_{(Ag/AgCl)} = E_{(NHE)} - 0.199 \tag{9.10}$$

そのほかによく使われる参照電極のNHEに対する電極電位（V vs. NHE）を表9.1に示す．銀-塩化銀電極は作製も取り扱いも容易であり，また電位の再現性がよいので，最もよく用いられている．

表 9.1 銀-塩化銀電極およびカロメル電極の電位（V vs. NHE）

温度 (°C)	Ag | AgCl | KCl		Hg | Hg$_2$Cl$_2$ | KCl			
	3.5 M KCl (25°C)	飽和 KCl	0.1 M KCl (25°C)	1 M KCl (25°C)	3.5 M KCl (25°C)	飽和 KCl (SCE)
10	0.215	0.214	0.336	0.287	0.256	0.254
15	0.212	0.209	0.336		0.254	0.251
20	0.208	0.204	0.336	0.284	0.252	0.248
25	0.205	0.199	0.336	0.283	0.250	0.244
30	0.201	0.194	0.335	0.282	0.248	0.241
35	0.197	0.189	0.334		0.246	0.238
40	0.193	0.184	0.334	0.278	0.244	0.234

[D.T. Sawyer, A. Sobkowiak, J.L. Roberts, Jr., "Electrochemistry for Chemists, 2nd ed.", p.192, John Wiley (1995)]

c. カロメル（甘コウ）電極（calomel electrode）

図9.2(c)に示すように，水銀と塩化カリウム溶液の間に甘コウ（Hg_2Cl_2）と水銀を練りあわせてペースト状にしたものを挟んで作製する．その電極反応および電極電位は

$$Hg_2Cl_2(s) + 2e^- \rightleftharpoons 2Hg + 2Cl^- \tag{9.11}$$

$$E = E°_{Hg_2Cl_2(s)} - \frac{RT}{F}\ln[Cl^-] \tag{9.12}$$

で示される．内部溶液として飽和KClを用いる場合には，飽和カロメル電極（saturated calomel electrode：SCE）と呼ばれ，25℃において，NHEに対して測定した電位との関係は次式で与えられる．

$$E(\mathrm{SCE}) = E(\mathrm{NHE}) - 0.244 \tag{9.13}$$

この電極は，環境に配慮して使用が自粛される傾向にある．

9.2 イオンセンサー

イオンを対象とする膜電極をイオン選択性電極（ion-selective electrode：ISE）と呼び，イオン応答性電界効果型トランジスタ電極などを含めて広くイオンセンサーと呼ぶ．イオン選択性電極は試料の前処理や煩雑な測定操作を必要とせず，迅速かつ簡便に試料中の目的化学物質を選択的に定量できるという特徴がある．このために，溶液化学のような基礎的分野から，プラントのオンラインモニタリング，環境の動態把握，医療診断などへの応用まで，広い分野で利用されている．

この電極が理想的な選択性をもつ場合には，式(9.4)で示されるような応答が得られるはずであるが，現実には目的イオン以外のイオン（妨害イオン）による影響も受ける．目的イオンiと妨害イオンjが共存する場合に得られる膜電極の電位 E は次のニコルスキー–アイゼンマン（Nicolsky-Eisenman）式で与えられる．

$$E = const. + \frac{2.303\,RT}{z_i F}\log([i] + K_{ij}^{\mathrm{pot}}[j]^{z_i/z_j}) \tag{9.14}$$

ここで K_{ij}^{pot} はiイオンの定量に対するjイオンの妨害の程度を表す尺度であり，選択係数（selectivity coefficient）と呼ばれる．K_{ij}^{pot} の値が小さいほど妨害が少ない．イオンセンサーは感応膜の種類によって，ガラス膜，固体膜，液

体膜型などに分類される．

9.2.1 ガラス電極

　ガラス電極（glass electrode）は，水素イオン濃度を測定するための指示電極として広く使われている．市販のpHガラス電極を図9.3に示す．球状のガラス膜（膜厚0.01～0.1 mm）の部分が水素イオンに応答する．内部には塩化物イオンを含むpH 7の緩衝液または濃度一定のHCl溶液が満たされ，内部参照電極としてカロメルまたは銀-塩化銀電極が挿入されている．このガラス電極を外部参照電極と組み合わせて式(9.15)のような電池を構成し，その起電力を測定する（図9.3(a)）．

$$\text{外部参照電極} \parallel \text{試料溶液}([\text{H}^+]\text{未知}) \mid \underbrace{\text{ガラス膜} \mid \text{内部液}([\text{H}^+]\text{一定}) \mid \text{内部参照電極}}_{\text{ガラス電極}} \tag{9.15}$$

ガラス膜の電気抵抗はきわめて高い（$10^9\,\Omega$程度）ので，ガラス電極の測定には，入力インピーダンスがそれ以上に高い（$10^{13}\,\Omega$程度）電圧計を用いる必要がある．ガラス電極と参照電極を一体化した複合型電極が汎用されている（図9.3(b)）．

　pHガラス電極の膜は，Na_2OとSiO_2からなる網目構造をとっており，ナト

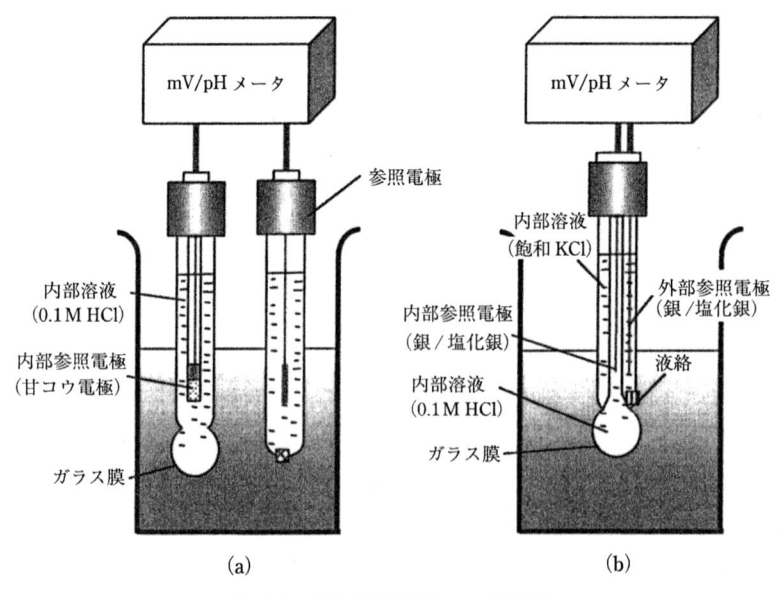

図 9.3　ガラス電極を用いるpH測定

リウムイオンが負電荷のケイ酸イオン基と結合(-SiONa)している．このガラス膜が水に浸されると，表面に 0.05〜1 μm の薄い水和層が生成し，膜中のナトリウムイオンは溶液中の水素イオンによって交換される．

$$\underset{固体}{-SiONa} + \underset{溶液}{H^+} \rightleftharpoons \underset{固体}{-SiOH} + \underset{溶液}{Na^+} \tag{9.16}$$

溶液中のほかのイオンも Na^+（または H^+）と交換可能であるが，水素イオンのガラス膜に対する親和力が大きいために，実質的に H^+ のみが交換される．試料の水素イオン濃度を $[H^+]_x$，内部液の水素イオン濃度を $[H^+]_i$ とすると，起電力 E_x は

$$E_x = k - \frac{RT}{F}\ln[H^+]_x = k - \frac{2.303\,RT}{F}\log[H^+]_x \tag{9.17}$$

となる．ここで k は二つの参照電極の電位，液間電位，内部水素イオンの電位および不斉電位 (asymmetry potential) に基づいて決まる値である．不斉電位とは，膜の両側の溶液が同じ濃度であるときにも存在する電位で，膜の不均一性や歪みなどによるために，電極ごとに異なる．$pH = -\log[H^+]$ とすると，式(9.17)は次式で表わされる．

$$E_x = k + \frac{2.303\,RT}{F}pH_x \tag{9.18}$$

k の値は pH 既知の標準緩衝溶液（pH_s）に対する起電力 E_s を測定し，次式から求める．

$$E_x = k + \frac{2.303\,RT}{F}pH_s \tag{9.19}$$

これを式(9.18)に代入して得られる次式によって，未知試料に対する起電力 E_x から，その pH_x を求めることができる．

$$pH_x = pH_s + \frac{E_s - E_x}{2.303\,RT/F} \tag{9.20}$$

ガラス電極を用いて pH を測定する場合には，予想される試料の pH を挟むような 2 種の pH 標準溶液を用いて，pH メータを校正する方法が推奨されている．表 9.2 に JIS による標準緩衝液の pH 値を示す．

ガラス膜の組成を変えることによって，表 9.3 に示すように Na^+，K^+ などのアルカリ金属イオンに選択的に感応する膜電極も開発されている．

表 9.2 各温度での pH 標準緩衝液（JIS 規格）

温度/°C	標　準　液				
	シュウ酸塩 標準溶液[a]	フタル酸塩 標準溶液[b]	リン酸塩 標準溶液[c]	ホウ酸塩 標準溶液[d]	炭酸塩 標準溶液[e]
0	1.67	4.01	6.98	9.46	10.32
5	1.67	4.01	6.95	9.39	(10.25)
10	1.67	4.00	6.92	9.33	10.18
15	1.67	4.00	6.90	9.27	(10.12)
20	1.68	4.00	6.88	9.22	(10.07)
25	1.68	4.01	6.86	9.18	10.02
30	1.69	4.01	6.85	9.14	(9.97)
35	1.69	4.02	6.84	9.10	(9.93)
40	1.70	4.03	6.84	9.07	
45	1.70	4.04	6.83	9.04	
50	1.71	4.06	6.83	9.01	
55	1.72	4.08	6.84	8.99	
60	1.73	4.10	6.84	8.96	
70	1.74	4.12	6.85	8.93	
80	1.77	4.16	6.86	8.89	
90	1.80	4.20	6.88	8.85	
95	1.81	4.23	6.89	8.83	

[a] 0.05 M $KH_3(C_2O_4)_2 \cdot 2H_2O$ 水溶液.
[b] 0.05 M $C_6H_4(COOK)(COOH)$ 水溶液.
[c] 0.025 M KH_2PO_4 + 0.025 M Na_2HPO_4 水溶液.
[d] 0.01 M $Na_2B_4O_7 \cdot 10H_2O$ 水溶液.
[e] 0.025 M $NaHCO_3$ + 0.025 M Na_2CO_3 水溶液, 38°C の pH の値として 9.91 が与えられる.（　）内は二次補間値である.

表 9.3 ガラス電極

測定イオン	膜　組　成	測定濃度範囲	妨害イオン（選択係数）
H^+	Na_2O(21.4%)-CaO(6.4%)-SiO_2(72.2%)	pH 0〜10	
	Li_2O(28%)-Cs_2O(3%)-La_2O_3(4%)-SiO_2(65%)	pH 0〜14	Na^+ (〜10^{-15})
Na^+	Na_2O(11%)-Al_2O_3(18%)-SiO_2(71%)	0〜10^{-8} M	Ag^+ (〜500) H^+ (〜1 000) K^+ (〜0.001)
K^+	Na_2O(27%)-Al_2O_3(4%)-SiO_2(69%)	1〜5×10^{-6} M	NH_4^+ (0.3) Rb^+ (0.5) Li^+ (0.05) Cs^+ (0.03)

9.2.2 固体膜電極

固体膜電極 (solid state membrane electrode) は，イオン導電性を有する難溶性塩を用いて作製される．いずれの感応膜も厚さ約 1 mm の円板状に成形し，これを支持管の先端に接着し，管の内部に測定イオンを含む内部溶液を入れ，内部参照電極を取りつけてイオン選択性電極とする (図 9.4(a))．感応膜内面とリード線を銀ペーストで直接つなぐ方法もある (図 9.4(b))．

a. フッ化物イオン選択電極

フッ化ランタンの単結晶膜をベースとし，電気伝導度を大きくするために希土類元素の一つであるユーロピウム(II)をドープしてある．Eu(II)のドープによって LaF_3 単結晶に空孔が生じ，フッ化物イオンが結晶の格子欠陥を次々に移動することによって導電性を示す．この電極は約 10^{-5} M の濃度までのフッ化物イオンに応答する．水酸化物イオン以外には陰イオンによる妨害がほとんどないので，きわめて優れた選択性をもつ電極である．OH^- は F^- とほぼ同じイオン半径をもつために，F^- と同様にして結晶格子の空孔に取り込まれるので，妨害を引き起こす．フッ化水素の生成も考慮すると，使用にあたっては pH を 5〜8.5 に調整する必要がある．

b. 硫化銀を含む膜を用いる電極

硫化銀と，当該陽イオンの硫化物あるいは当該陰イオンの銀塩などの粉末を

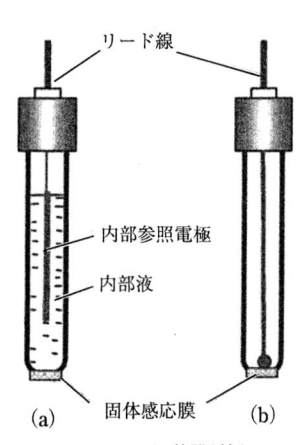

図 9.4 固体膜電極

表 9.4 固体膜電極

測定イオン	感応膜の組成	検出下限 (M)	主な妨害元素
F^-	LaF_3	10^{-7}	OH^-
Cl^-	$AgCl, AgCl-Ag_2S$	10^{-5}	S^{2-}, CN^-, Br^-, I^-
Br^-	$AgBr, AgBr-Ag_2S$	10^{-6}	S^{2-}, CN^-, I^-
I^-	$AgI, AgI-Ag_2S$	10^{-8}	S^{2-}
CN^-	AgI	10^{-5}	S^{2-}, I^-
SCN^-	$AgSCN$	10^{-6}	S^{2-}, Br^-, I^-
S^{2-}	Ag_2S	10^{-7}	
Ag^+	Ag_2S	10^{-7}	Hg^{2+}
Pb^{2+}	$PbS-Ag_2S$	10^{-6}	Hg^{2+}
Cd^{2+}	$CdS-Ag_2S$	10^{-6}	Ag^+, Hg^{2+}, Cu^{2+}
Cu^{2+}	$CuS-Ag_2S$	10^{-7}	Ag^+, Hg^{2+}, Cu^{2+}
			Ag^+, Hg^{2+}, Cl^-

混合・加圧・成形することによって感応膜を作製する．たとえば，Cl^- の測定には，AgCl，Ag_2S，AgI などの混合物を感応膜とする電極が用いられる．市販されているイオン選択電極の例を表9.4に示す．

9.2.3 液膜型電極

液膜型電極（liquid-membrane ion selective electrode）は，目的イオンを抽出することのできる試薬（イオノフォアまたはキャリヤー）を含む有機溶媒を，ポリ塩化ビニル，多孔性ポリマー膜，セラミックなどに含浸させて作製した膜を用いる電極である（図9.5）．キャリヤーは，液状イオン交換体のように電荷を帯びたものとクラウンエーテルのように中性のものに分類される．代表的な電極を表9.5に示す．

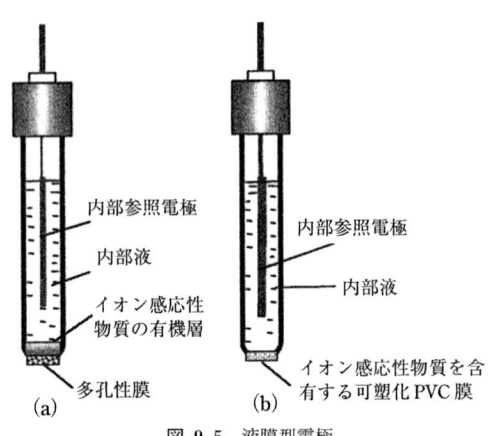

図 9.5 液膜型電極

表 9.5 液膜型電極

	測定イオン	感応膜の組成	検出下限 (M)	主な妨害元素 (選択係数)
イオン交換体型	Cl^-	R_4N^+(トリオクチルメチルアンモニウム)/Cl^-	$\sim 10^{-4}$	ClO_4^-(32), I^-(17), NO_3^-(42)
	ClO_4^-	FeL_3^{2+}(Fe-バソフェナントロリン)/ClO_4^-	$\sim 10^{-5}$	OH^-(1.0)
	NO_3^-	NiL_3^{2+}(Ni-バソフェナントロリン)/NO_3^-	$\sim 10^{-5}$	ClO_4^-(1 000), I^-(20)
	Ca^{2+}	$(RO)_2PO_2^-$(ジ-n-デシルリン酸)/Ca^{2+}	$\sim 5 \times 10^{-7}$	Zn^{2+}(3.2), Fe^{2+}(0.8), Mg^{2+}(0.12)
イオノフォア型	Li^+	クラウンエーテル/Li^+	$\sim 10^{-6}$	Na^+
	K^+	バリノマイシン/K^+	$\sim 10^{-6}$	Cs^+
	Na^+	クラウンエーテル/Na^+	$\sim 10^{-6}$	K^+
	NH_4^+	ノナクチン/モナクチン/NH_4^+	$\sim 10^{-6}$	

a． イオン交換体型液膜電極

ジ-n-デシルリン酸などのカチオン交換体を用いると，カルシウムイオンに応答する電極が得られる．その液-膜界面におけるイオン交換反応を図9.6に示す．デシルリン酸分子の疎水性のアルキル基は有機相の内部，親水のリン酸基は水相に配向している．カルシウムイオンは有機相の界面でイオン交換される．

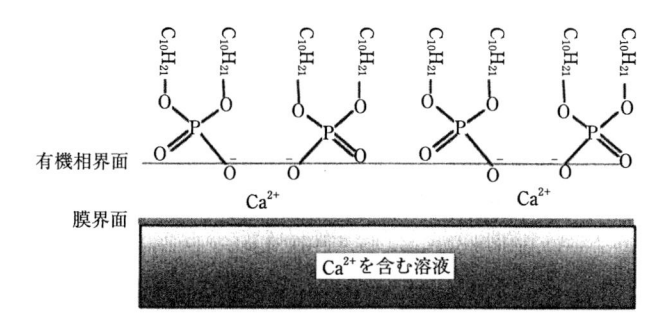

図 9.6 液-膜界面におけるカルシウムイオンの交換模式図

$$2(RO)_2PO_2^-(膜) + Ca^{2+} \rightleftharpoons [(RO)_2PO_2]_2Ca(膜) \quad (9.21)$$

pH ガラス電極の場合と同様にネルンストの式に従う膜電位が生じ，5×10^{-7} M までのカルシウムイオンの濃度を測定することができる．

一方，トリオクチルメチルアンモニウムイオンのような親油性陽イオンの塩 R^+Y^-（イオン交換体）をキャリヤーとして用いると，溶液中の陰イオン X^-（目的イオン）との間でイオン交換反応が起こる．このとき，X^- は水相から有機相へ移動できるが，陽イオンは移動できないため，電極は X^- に対して電位応答を示す．

b. ニュートラルキャリヤー型電極

イオンの水相から有機相への取り込みを促進する中性物質であるイオノフォア（ionophore）をキャリヤーとして用いる．先駆的かつ代表的なものとして，抗生物質のバリノマイシンをキャリヤーとするカリウムイオン選択性電極がある．バリノマイシンがカリウムイオンを三次元的に包み込むことにより，筒状の安定な錯体を形成するために，選択性が高い．1970 年代には人工の化合物として，種々の環状および非環状イオノフォアが開発された．クラウンエーテルは代表的な環状イオノフォアであり，クラウン環の空孔径にあった大きさのイオンを選択的に認識する．たとえば，ジベンジル-14-クラウン-4 の空孔の大きさは 1.2〜1.5 Å であり，リチウムイオン（直径 1.20 Å）の大きさに適合しているのに対して，ナトリウムイオン（直径 1.90 Å）やカリウムイオン（直径 2.66 Å）に対しては小さすぎるために，リチウム選択性が発現する．一方，ビス(12-クラウン-4) では，クラウン環自体の大きさは小さいけれども，二つのクラウン環で金属イオンを挟み込む効果のために，ナトリウムイオンに対する選択性が発現する．カルシウムに対するキャリヤーとしては，ETH1001 などが

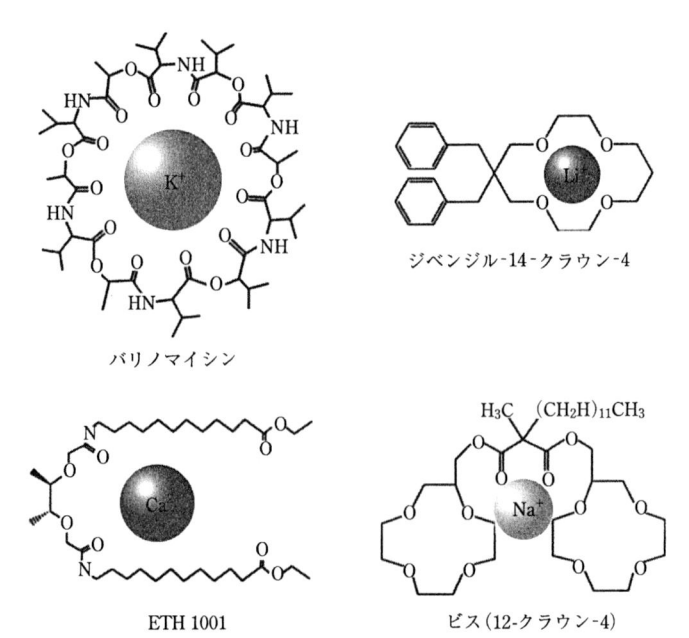

図 9.7 バリノマイシンおよび代表的なイオノフォアの構造

知られている（図 9.7）.

9.2.4 イオン感応性電界効果型トランジスタ

イオン感応性電界効果型トランジスタ（ISFET）は，電界効果型トランジスタ（field effect transistor）のゲート部分をイオン感応膜としたイオンセンサーである．その基本構造を図 9.8 に示す．この素子はソース・フォロワー回路を採用しているので，ドレイン電流（I_{DS}）とドレイン/ソース間電圧（V_{DS}）を一定にする（たとえば $I_{DS}=100\,\mu A$，$V_{DS}=5\,V$）と，ゲート膜とサンプル間の界面電位（E）の

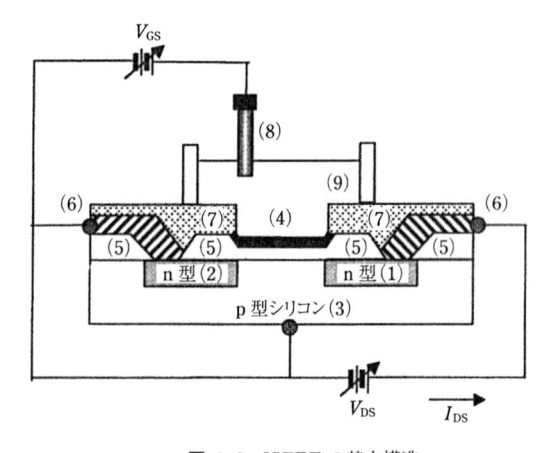

図 9.8 ISFET の基本構造
(1)ドレイン，(2)ソース，(3)シリコン基板，(4)ゲート(感応膜)，(5)絶縁体，(6)金属リード，(7)絶縁樹脂，(8)参照電極，(9)試料溶液.

変化は直接メーターの出力電圧（V_{GS}）として計測される．

　感応膜と溶液を接すると，イオン選択電極の場合と同様に，溶液中のイオン濃度に応じてネルンストの式に従う界面電位が発生する．ゲート膜状に Si_3N_4 を使用する場合には，溶液中の水素イオンに感応し pH センサーとなる．ISFET は，超小型化が可能でまた応答が速いことから，環境計測，医療計測やプロセス計測などの分野で注目を集めている．

9.3　ボルタンメトリー

　ボルタンメトリー（voltammetry）は，小さな作用電極に外部から電位を印加して酸化還元反応を起こさせ，電極表面における電子移動および物質移動に関する情報を，電流-電圧曲線（ボルタモグラム）として測定する方法である．ボルタンメトリーは，1922 年にチェコスロバキアの Heyrovsky と志方によって考案されたポーラログラフィー（polarography）に端を発する．この手法では，作用電極として滴下水銀電極（dropping mercury electrode：DME）を用いて，電流-電位曲線（ポーラログラム）を測定する．今日のボルタンメトリーは，DME だけでなく種々の固体電極や化学修飾電極を用いることにより，その適用範囲が広げられている．また，電位の印加方法や電流の測定法などに工夫したいろいろな名称の数多くの手法が開発されて，多様な情報が得られるようになっており，電気化学反応の解析や微量成分分析などに広く使われている．ここでは電気化学測定で最も広く利用されているサイクリックボルタンメトリー（cyclic voltammetry：CV）と，高感度電気化学分析法であるストリッピングボルタンメトリー（stripping voltammetry）について説明する．

9.3.1　サイクリックボルタンメトリー

　CV 測定の概略図を図 9.9 に示す．作用電極（working electrode）では，注目する電極反応を観測する．一方，対電極（counter electrode），または補助電極（auxiliary electrode）は，作用電極との間で電流の授受を行う．これら二つの電極だけで測定を行うと，作用電極にかかる電位が溶液の抵抗のために，印加した外部電圧と異なってしまう．これを避けるために，通常は図に示すように参照電極（reference electrode）も加えた 3 電極式で測定を行う．参照電極を基準として作用電極に外部から所定の電圧を加えることにより，作用電極と溶液との界面に一定の電位が印加される．電極電位の制御および作用電極-対

電極間に流れる電流の計測には，ポテンショスタットと呼ばれる装置が用いられる．ボルタンメトリー用の作用電極として，酸化反応にはカーボン，金，白金電極などが，還元反応には水銀（アマルガム），カーボン電極などが用いられる．水溶液系におけるCV測定では，参照電極に飽和カロメル電極や銀-塩化銀電極が，対極に白金線コイルが用いられる．希薄溶液中におけ

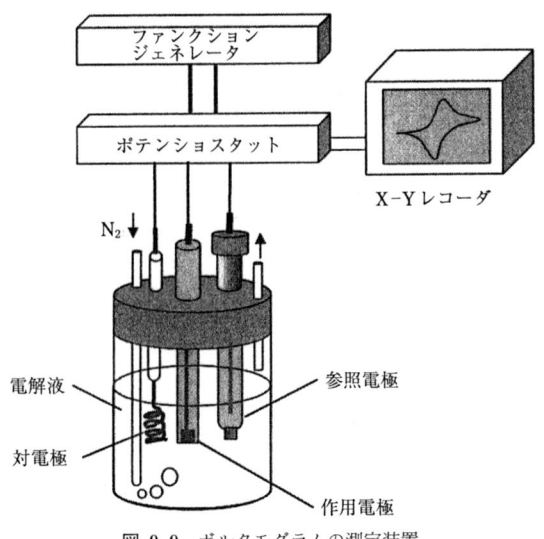

図 9.9 ボルタモグラムの測定装置

るイオン性の電気化学的活性物質の反応では，拡散電流のほかに泳動電流も電解電流に寄与するので，電解電流が測定物質の濃度に比例しなくなる場合がある．この泳動電流の効果を無視できる程度に減らし，またIR電圧降下（Rは作用電極と対極間の溶液抵抗）をできるだけ小さくするために，電極反応とは無関係な電解質を多量に加える（電気化学的活性物質濃度の50倍以上）．この電解質を支持電解質（supporting electrolyte）と呼ぶ．支持電解質の添加により，電解電流は拡散電流による寄与のみとなり，溶液中の活性物質濃度に比例することになる．溶液中の溶存酸素はしばしば電極反応を妨害するので，測定に先立ってアルゴンや窒素などの不活性ガスを通じることによって除去される．

　静止した試料溶液の中に電極を浸し，ポテンショスタットを通してファンクションジェネレータから掃引時間に対して三角波形の電位を電極に印加し，このとき回路に流れる電流を計測して，電位をX軸に電流をY軸にしてX-Yレコーダで記録すると，図9.10に示すようなサイクリックボルタモグラム（cyclic voltammogram）が得られる．

　溶液中の電気化学反応は，溶液に浸漬した電極表面において電極活性種が電子を授受することにより起こる．電解液に酸化体Oxのみが存在する場合の電極反応を考える．電極電位を開始電位（E_i）から負電位（カソーディック）方向に掃引すると，酸化体Oxが還元体Redに還元され（$Ox + ne^- \rightleftharpoons Red$），

それに基づく還元電流（reduction current）が流れる．反転電位（E_f）に達した後，電極表面に生成した Red が溶液のバルクへ拡散する前に，電位を逆方向（アノーディック）に掃引すると，酸化反応（Red $\rightleftharpoons$ Ox + ne^-）が起こる．酸化還元反応が可逆（電子移動過程がきわめて速い場合）であれば，還元波と酸化波のピークが観測され，それらの電位の差（$E_{pa} - E_{pc}$）は $60/n$ mV（25°C），還元波のピーク電流 I_{pc} と酸化波ピーク電流 I_{pa} の比 I_{pc}/I_{pa} は 1 となる．非可逆系（電子移動過程が遅い系）の場合，（$E_{pa} - E_{pc}$）の値はこれより大きくなる．

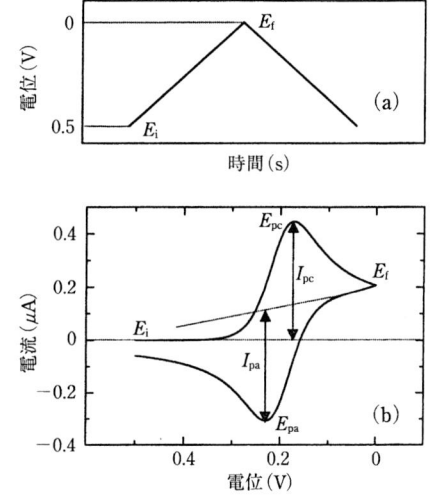

図 9.10 典型的な CV 測定
(a)印加される三角波，(b)サイクリックボルタモグラム．

可逆系で得られたピーク電流値（I_p）は次の式で与えられる．

$$I_p = 2.69 \times 10^5 n^{3/2} AD^{1/2} Cv^{1/2} \tag{9.22}$$

ここで A（cm²）は電極面積，D（cm²/s）は拡散係数，C（mol/dm³）は電極活性種濃度，v（V/s）は掃引速度である．ピーク電流値が掃引速度 v の平方根に比例するか否かが，電極活性物質の拡散が電極反応を支配しているか否かの判定に用いられる．また，サイクリックボルタモグラムのピーク電流（I_p）による試料濃度の定量分析，ピーク電位による定性分析が可能である．CV は，測定が簡便であるわりには，電極反応に関与する電子の数や拡散係数，電気化学反応で生成した酸化還元化学種の安定性や電極表面への吸着挙動，電気化学反応速度定数などのさまざまな物理化学的パラメータを評価できるため，広い分野で応用されている．

最近，分析化学のすべての分野においてミクロ化の傾向が進んでいるが，電気化学分析の分野においても，毛髪の 10 分の 1 以下の直径をもつ極微小電極がボルタンメトリーに使用されるようになった．たとえば，直径 10 μm のディスク電極を用いて CV を測定すると，通常サイズの電極とは異なり，酸化または還元電流として一定の定常限界電流が得られる．極微小電極では拡散のプロフィールが平面拡散から(半)円柱状拡散や(半)球状となるため，単位面積あた

りに拡散してくる酸化還元種の量が増加し，定常的な応答が得られる．一方，掃引速度を非常に高速にすると，拡散層が広がらない（平面拡散となる）ため，従来の CV と同様なピーク状のボルタモグラムが得られる．極微小電極では，掃引速度は 10 000 V/s 以上の高速ボルタンメトリーが可能で，μs オーダーの短寿命中間体の検出や高速化学反応の解析ができる．また，観察される電流の絶対値が pA オーダーときわめて小さいので，IR 電圧降下による影響はほとんど無視でき，ベンゼンやヘキサン溶液のように電気抵抗が高い系や高分子電解質中でも測定が可能になる．極微小電極は生体局所の電気化学計測にも応用され，神経伝達物質の in vivo 測定や一酸化窒素（NO）ラジカルのように，半減期がきわめて短い物質の細胞内計測にも用いられる．

9.3.2　ストリッピングボルタンメトリー

ストリッピングボルタンメトリー法は目的元素を一定の時間電解することにより微小作用電極上に濃縮させた後，再び電極から電解溶出させ，その際の電流電位曲線から定量を行う方法である．一つの分析方法の中に，分離，濃縮および定量操作を兼ね備えたユニークな方法である．酸化溶出させる場合をアノーディックストリッピングボルタンメトリー（anodic stripping voltammetry：ASV）法といい，微量金属イオンの定量に適用される．還元溶出させる場合をカソーディックストリッピングボルタンメトリー（cathodic stripping voltammetry：CSV）といい，金属元素のほか，微量有機成分やハロゲン化合物などの分析に使用される．ppm，ppb あるいはそれ以下の濃度の極微量元素を対象とできる高感度な電気分析法である．

図 9.11 にアノーディックストリッピングボルタンメトリーの概要を示す．前電解段階で金属イオン（M^{n+}）などを作用電極上に還元濃縮し，次に電極電位を一定の速度で正（アノーディック）方向に掃引して，濃縮された成分を酸化溶出させる．その際に記録した電位-電流曲線からピーク電流または全電気量を測定する．ASV 分析においては，作用電極の選択がきわめて重要である．吊下げ水銀滴電極は，調製が簡単であること，多くの金属イオンがアマルガムとして電極表面に還元濃縮できること，優れた再現性が得られることなどにより，最も広く用いられている．しかし，水銀の使用により環境に負荷がかかること，感度がやや低いこと，適用元素が制限されることなどの欠点があるので，水銀膜，白金，金，銀，炭素，化学修飾電極などの各種の固体電極が考案されている．また，溶出過程に示差パルスボルタンメトリーなどを用いることに

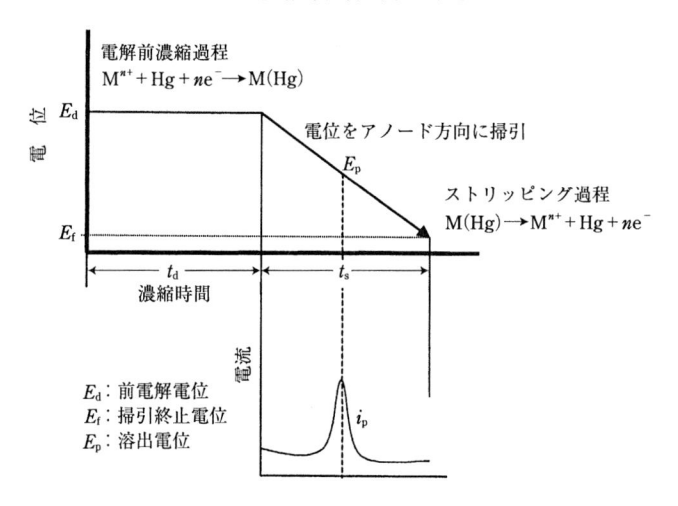

図 9.11 アノーディックストリッピングボルタンメトリー

よって，普通の 10 倍以上の感度を得ることができる．ストリッピング分析法は目的元素の一部があらかじめ比較的大量の試料溶液から微小電極上に濃縮されるため，高感度が得られ，定量下限は 10^{-9}〜10^{-11} M にも達する．精度は 5〜10％程度である．

9.4 電気化学分析に関する実験

■ 実験 9.1 　[Fe(CN)$_6$]$^{3-}$ のサイクリックボルタンメトリー

【目的】
　サイクリックボルタンメトリーにより [Fe(CN)$_6$]$^{3-}$ の酸化還元特性を調べる．
【測定装置】
　図 9.10 に示すように，ボルタモグラムの測定には，ポテンショスタット，ファンクションジェネレータおよび X-Y レコーダを用いる．作用電極には白金ディスク電極（表面積約 0.025 cm^2），対電極には白金線，参照電極には銀-塩化銀電極を使用する．
【試薬】
　① 1 M KNO$_3$ 電解液
　② 25 mM [Fe(CN)$_6$]$^{3-}$ 標準溶液
【測定手順】
　① 試料溶液の調製：50 cm^3 のメスフラスコ 5 個を用意し，それぞれに 0, 2, 4, 6, 8

cm³ の[Fe(CN)₆]³⁻標準溶液と 25 cm³ の 1 M KNO₃ 電解液を加えて 50 cm³ に希釈する．調製された[Fe(CN)₆]³⁻溶液の濃度はそれぞれ 0, 1, 2, 3, 4 mM となる．

② 作用電極を，研磨パット上でアルミナ研磨剤（粒子径 0.05 μm 程度）を用いて研磨した後，超音波で洗浄する．

③ ホールピペットで測定溶液 20 cm³ を電解セルに取り，セルキャップをつけ，キャップの穴に作用電極，対電極，参照電極および脱気用ガラス管を差し込んでセットする．窒素ガスを約 15 分間通気して溶液中の溶存酸素を除去する．

④ ポテンショスタットに三つの電極を接続し，開始電位を－0.2 V，折り返し電位を＋0.8 V，電位掃引速度を 50 mV/s にあわせて，サイクリックボルタモグラムを測定する．

⑤ ②～④の手順を繰り返して，五つの試料溶液のサイクリックボルタモグラムを測定する．

⑥ 1 mM [Fe(CN)₆]³⁻試料溶液について，電位掃引速度を 5, 10, 25, 50, 75, 100 mV/s の順で変化させて，サイクリックボルタモグラムを重ねて記録する．

【サイクリックボルタモグラムの解析】

① サイクリックボルタモグラムから$[Fe(CN)_6]^{3-} + e^- \rightleftharpoons [Fe(CN)_6]^{2-}$ の酸化または還元過程において，酸化ピーク電位（E_{pa}）と還元ピーク電位（E_{pc}）が得られ，定性分析に用いることができる．

② サイクリックボルタモグラムのピーク電流（酸化もしくは還元）は[Fe(CN)₆]³⁻の濃度に比例し，定量分析に利用できる．

③ 酸化ピーク（I_{pa}）および還元ピーク電流（I_{pc}）と掃引速度 1/2 乗をプロットし，直線の傾きから酸化体および還元体の拡散係数（D）を求める［式(9.22)参考］．

④ そのほか，電極反応に関与する電子数 n や電極反応速度定数などのパラメータを得ることができる．

付表 1 弱酸の解離定数

化合物名	化学式	pK_{a1}	pK_{a2}	pK_{a3}
亜硝酸	HNO_2	3.35		
亜硫酸	H_2SO_3	1.89	7.20	
ギ酸	$HCOOH$	3.74		
クエン酸	$HOOC(OH)C(CH_2COOH)_2$	3.03	4.39	5.71
クロム酸	H_2CrO_4	0.74	6.49	
コハク酸	$(CH_2COOH)_2$	4.16	5.61	
酢酸	CH_3COOH	4.74		
サリチル酸	$C_6H_4(OH)COOH$	2.96	13.4	
シアン化水素酸	HCN	9.14		
ジクロロ酢酸	$CHCl_2COOH$	1.3		
シュウ酸	$(COOH)_2$	1.19	4.21	
酒石酸	$(HOCHCOOH)_2$	3.04	4.37	
炭酸	H_2CO_3	6.46	10.25	
トリクロロ酢酸	CCl_3COOH	0.7		
フェノール	C_6H_5OH	9.89		
フタール酸	$C_6H_4(COOH)_2$	2.89	5.41	
フッ化水素酸	HF	3.16		
ホウ酸	H_3BO_3	9.24	～12.7	～14
モノクロロ酢酸	$CH_2ClCOOH$	2.82		
硫酸	H_2SO_4	—	1.89	
硫化水素	H_2S	7.0	～14	
リン酸	H_3PO_4	2.12	7.21	12.32
アニリニウムイオン	$C_6H_5NH_3^+$	4.62		
アンモニウムイオン	NH_4^+	9.26		
エチレンジアンモニウムイオン	$(CH_2NH_3^+)_2$	7.23	9.87	
トリエタノールアンモニウムイオン	$NH(CH_2CH_2OH)_3^+$	7.90		
ピリジニウムイオン	$C_5H_5NH^+$	5.25		

付表 2 錯体の生成定数

配 位 子	M^{n+}	$\log \beta_1$	$\log \beta_2$	$\log \beta_3$	$\log \beta_4$	$\log \beta_{ij}$
F^-	Al^{3+}	6.5	11.7	15.5	18.6	
	Fe^{3+}	5.2	9.1	12.0		
	Th^{4+}	7.6	13.3	17.8		
Cl^-	Ag^+	3.5	5.4	5.6	5.1	
	Bi^{3+}	2.4	3.5	5.4	6.1	
	Cd^{2+}	2.0	2.7	2.1		
	Cu^{2+}	2.8	4.4	4.9	5.6	
	Fe^{3+}	1.5	2.1			
	Hg^{2+}	6.7	13.2	14.2	15.2	
	Pb^{2+}	1.2	0.6	1.2		
	Sn^{2+}	1.2	1.7			
Br^-	Al^{3+}	4.3	7.2	7.9	8.6	
	Bi^{3+}	2.3	4.4	6.3	7.7	
	Cd^{2+}	2.2	3.0	2.8	2.9	
	Cu^{2+}	5.7	7.2	7.9		
	Hg^{2+}	9.1	17.3	19.7	21.0	
	Pb^{2+}	1.1	1.4	2.2		
I^-	Ag^+	13.8	13.7			
	Cd^{2+}	2.3	3.9	5.0	6.1	
	Hg^{2+}	12.9	23.8	27.6	29.8	
	Pb^{2+}	1.3	2.8	3.4	3.9	
OH^-	Ag^+	2.3	3.6	4.8		
	Al^{3+}	8.9			32.4	
	Ca^{2+}	1.3				
	Cd^{2+}	4.3	7.7	10.3	12.0	
	Cu^{2+}	6.0			15.9	$\log \beta_{22}=17.1$
	Fe^{3+}	11.3	22.0			$\log \beta_{22}=25.2$
	Hg^{2+}	10.3	21.7			
	Mg^{2+}	2.6				
	Sn^{2+}	10.1				$\log \beta_{22}=23.5$
	Pb^{2+}	6.9	10.2	13.9		$\log \beta_{21}=7.6$ $\log \beta_{34}=33.1$ $\log \beta_{44}=36.1$ $\log \beta_{68}=69.3$
	Zn^{2+}	5.0		14.2	15.5	
SO_4^{2-}	Th^{4+}	3.3	5.7			
	Fe^{3+}	2.2	4.2			
	Cu^{2+}	2.3				
$S_2O_3^{2-}$	Ag^+	8.8	13.5	14.2		
	Cd^{2+}	3.9	6.4			
	Cu^+	10.4	12.3	13.7		

付表 2 錯体の生成定数（つづき）

配位子	M^{n+}	$\log \beta_1$	$\log \beta_2$	$\log \beta_3$	$\log \beta_4$	$\log \beta_{ij}$
$S_2O_3^{2-}$	Hg^{2+}		29.9	32.3		
	Zn^{2+}	2.3	4.6			
SCN^-	Ag^+		9.8		11.2	
	Bi^{3+}	0.8	1.9	2.7	3.4	
	Cd^{2+}	1.4	2.0	2.6		
	Cu^+		5.0		9.2	
	Cu^{2+}		5.2		6.5	
	Fe^{3+}	2.1	3.3			
	Hg^{2+}		16.1	19.0	20.9	
	Ni^{2+}	1.2	1.6	1.8		
	Zn^{2+}	0.5	0.8	0	1.3	
CN^-	Ag^+		21.1	21.8	20.7	
	Cd^{2+}	5.2	9.6	13.9	17.1	
	Co^{2+}					$\log \beta_6 = 19$
	Co^{3+}					$\log \beta_6 = 64$
	Cu^+		24.0	28.6	30.3	
	Fe^{2+}					$\log \beta_6 = 24$
	Fe^{3+}					$\log \beta_6 = 31$
	Ni^{2+}				27.3	
	Zn^{2+}				16.8	
NH_3	Ag^+	3.2	7.1			
	Cd^{2+}	2.5	4.8	6.1	7.3	
	Co^{2+}	2.1	3.7	4.8	5.6	
	Cu^{2+}	4.2	7.7	10.5	12.7	
	Hg^{2+}	8.8	17.5	18.5	19.2	
	Ni^{2+}	2.8	5.0	6.8	8.5	$\log \beta_6 = 8.7$
	Zn^{2+}	2.4	4.8	7.3	9.5	
$P_2O_7^{4-}$	Ca^{2+}	5.6				
	Cd^{2+}	8.7				
	Cu^{2+}	5.2	10.3			
	Mg^{2+}	5.7				
	Ni^{2+}	5.8	7.2			
	Zn^{2+}	8.7				
CH_3COO^-	Cd^{2+}	1.0	1.9	1.8	1.3	
	Cu^{2+}	2.2	3.2			
	Fe^{3+}	3.4	6.1	8.7		
	Ni^{2+}	0.7	1.3			
	Hg^{2+}		8.4			
	Pb^{2+}	2.2	2.9	3.5		
	Zn^{2+}	1.3	2.1			

付表 2 錯体の生成定数（つづき）

配位子	M^{n+}	$\log \beta_1$	$\log \beta_2$	$\log \beta_3$	$\log \beta_4$	$\log \beta_{ij}$
酒石酸塩(L^{2-})	Al^{3+}	6.4				$\log K_{MHL}=3.4$
						$\log K_{M(OH)L}=9.1$
	Cu^{2+}	3.1	4.9			
	Fe^{3+}	6.5	11.9			
	Pb^{2+}	2.6	4.0			
クエン酸塩 (L^{3-})	Al^{3+}	8.0				$\log K_{MHL}=7.0$
	Cu^{2+}	5.9				$\log K_{MHL}=6.1$
	Fe^{2+}	4.4				$\log K_{MHL}=3.1$
	Fe^{3+}	10.4				$\log K_{MHL}=10.9$
	Pb^{2+}	4.1	6.1			$\log K_{MHL}=5.2$
1,10-フェナントロリン	Ag^+	5.0	12.1			
	Cd^{2+}	5.9	10.5	14.3		
	Co^{2+}	7.3	14.0	19.9		
	Cu^{2+}	9.3	16.0	21.4		
	Fe^{2+}	5.9		21.5		
	Fe^{3+}			14.1		
	Hg^{2+}		19.7			
	Mn^{2+}	4.1	7.6	10.3		
	Ni^{2+}	8.8	17.1	24.8		
	Zn^{2+}	6.4	12.2	17.0		

$\beta_{ij}=[M_iL_j]/([M]^i[L]^j)$ （単核錯体は i を省略）
$K_{MHL}=[MHL]/([M][HL])$
$K_{M(OH)L}=[M(OH)L]/([MOH][L])$

付表 3 アミノポリカルボン酸錯体の生成定数

$K_{ML}=[ML]/([M][L])$, $K_{ML(OH)}=[ML(OH)]/([ML][OH])$, $K_{ML_2}=[ML_2]/([ML][L])$,
$K_{MHL}=[MHL]/([ML][H])$

(a) ニトリロ三酢酸(NTA)錯体

金属イオン	K_{ML}	$K_{ML(OH)}$	K_{ML_2}	金属イオン	K_{ML}	$K_{ML(OH)}$	K_{ML_2}
Ag^+	5.2			Fe^{3+}	15.9	9.9	8.4
Al^{3+}	11.4	8.4		Hg^{2+}	14.6	16.5	
Ba^{2+}	4.8		2.5	La^{3+}	10.5	5.1	7.3
Be^{2+}	7.1			Mg^{2+}	5.4		
Bi^{3+}	17.5	8.5		Mn^{2+}	7.4		3.6
Ca^{2+}	6.4		2.5	Ni^{2+}	11.5	3.1	4.9
Cd^{2+}	9.8	2.7	4.8	Pb^{2+}	11.4		
Co^{2+}	10.4	3.2	4.0	Sr^{2+}	5.0		
Cu^{2+}	12.9	4.4	4.5	Th^{4+}	13.3		
Fe^{2+}	8.3	3.4	4.5	Zn^{2+}	10.7	3.6	3.6

L^{3-} へのプロトン付加定数:$\log K_1=9.7$, $\log K_2=2.5$, $\log K_3=1.8$

(b) シクロヘキサンジアミン四酢酸(CDTA)錯体

金属イオン	K_{ML}	K_{MHL}	$K_{ML(OH)}$	金属イオン	K_{ML}	K_{MHL}	$K_{ML(OH)}$
Ag^+	9.0			Co^{2+}	19.6	2.9	
Al^{3+}	19.5	2.0	6.4	Cu^{2+}	22.0	3.1	
Ba^{2+}	8.7	6.9		Fe^{2+}	19.0	2.7	
Be^{2+}	11.5			Fe^{3+}	30.1		4.3
Bi^{3+}	32.3			Hg^{2+}	25.0	3.1	3.5
Ca^{2+}	13.2			La^{3+}	17.0	2.2	
Cd^{2+}	19.9	3.0	4.8	Mg^{2+}	11.0		
Mn^{2+}	17.5	2.8		Sr^{2+}	10.6		
Ni^{2+}	20.3	2.7	4.9	Th^{4+}	25.6	2.5	6.1
Pb^{2+}	20.4	2.8		Zn^{2+}	19.4	2.9	

L^{4-} へのプロトン付加定数:$\log K_1=12.4$, $\log K_2=6.2$, $\log K_3=3.5$, $\log K_4=2.4$

(c) グリコールエーテルジアミン四酢酸(EGTA)錯体

金属イオン	K_{ML}	K_{MHL}	$K_{ML(OH)}$	金属イオン	K_{ML}	K_{MHL}	$K_{ML(OH)}$
Ag^+	6.9	7.5		Hg^{2+}	23.2	3.0	
Al^{3+}	13.9	4.0	8.8	La^{3+}	15.8		
Ba^{2+}	8.4	5.3		Mg^{2+}	5.2	7.6	
Ca^{2+}	11.0	3.8		Mn^{2+}	12.3	4.1	
Cd^{2+}	16.7	3.5		Ni^{2+}	13.6	5.1	
Co^{2+}	12.4	5.1		Pb^{2+}	14.7	5.2	4.9
Cu^{2+}	17.1	4.4		Sr^{2+}	8.5	5.3	
Fe^{2+}	11.9	4.3		Zn^{2+}	12.7	5.0	
Fe^{3+}	20.5						

L^{4-} へのプロトン付加定数:$\log K_1=9.5$, $\log K_2=8.9$, $\log K_3=2.7$, $\log K_4=2.0$

付表 4 難溶性塩の溶解度積（数値は pK_{sp} 値）

水酸化物		ハロゲン化物		硫化物	
AgOH	7.71	AgCl	9.75	Ag_2S	50.1
$Al(OH)_3$	33.5	AgBr	12.3	CdS	27.0
$Be(OH)_2$	21.7	AgI	16.08	CoS	21.3, 25.6
$Ca(OH)_2$	5.19	CaF_2	10.5	CuS	36.1
$Cd(OH)_2$	14.35	CuBr	8.3	FeS	18.1
$Co(OH)_2$	14.9	CuI	12.0	HgS	52.7, 53.3
$Cr(OH)_3$	29.8	Hg_2Cl_2	17.91	In_2S_3	69.4
$Cu(OH)_2$	19.32	Hg_2Br_2	22.25	MnS	10.5, 13.5
$Fe(OH)_2$	15.0	Hg_2I_2	27.95	NiS	19.4, 24.9, 26.6
$Fe(OH)_3$	40.0	PbF_2	7.44	PbS	27.5
$Ga(OH)_3$	39.1	$PbCl_2$	4.78	SnS	25.9
HgO	25.44	$PbBr_2$	5.68	ZnS	24.7, 22.5
$In(OH)_3$	35.9	PbI_2	8.1	炭酸塩	
$Mg(OH)_2$	11.15	シアン化物およびチオシアン酸塩		Ag_2CO_3	11.09
$Mn(OH)_2$	12.8			$BaCO_3$	8.69, 8.30
$Ni(OH)_2$	15.2	AgSCN	11.97	$CaCO_3$	8.35, 8.22
$Pb(OH)_2$	15.3	CuSCN	14.77	$MgCO_3$	7.46
$Sn(OH)_2$	26.2	Hg_2SCN_2	19.5	$PbCO_3$	13.13
$Tl(OH)_3$	45.2	AgCN	15.66	$SrCO_3$	9.03
$Zn(OH)_2$	16.66	硫酸塩		シュウ酸塩	
クロム酸塩		$BaSO_4$	9.96	BaC_2O_4	7.6
Ag_2CrO_4	11.92	$CaSO_4$	4.62	CaC_2O_4	8.4
$BaCrO_4$	9.67	$PbSO_4$	7.79	MgC_2O_4	4.1
$PbCrO_4$	12.6	$SrSO_4$	6.5	SrC_2O_4	6.8

付表 5 標準酸化還元電位

酸化還元半反応	標準電位 (V vs. NHE)	酸化還元半反応	標準電位 (V vs. NHE)
$F_2 + 2e^- \rightleftharpoons 2F^-$	2.87	$Cu^+ + e^- \rightleftharpoons Cu$	0.520
$O_3 + 2H^+ + 2e^- \rightleftharpoons O_2 + H_2O$	2.075	$O_2 + 2H_2O + 4e^- \rightleftharpoons 4OH^-$	0.401
$Ag^{2+} + e^- \rightleftharpoons Ag^+$	1.980	$Cu^{2+} + 2e^- \rightleftharpoons Cu$	0.340
$S_2O_8^{2-} + 2e^- \rightleftharpoons 2SO_4^{2-}$	1.96	$VO_2^+ + 2H^+ + e^- \rightleftharpoons V^{3+} + H_2O$	0.337
$Co^{3+} + e^- \rightleftharpoons Co^{2+}$	1.92	$BiO^+ + 2H^+ + 3e^- \rightleftharpoons Bi + H_2O$	0.317
$H_2O_2 + 2H^+ + 2e^- \rightleftharpoons 2H_2O$	1.763	$UO_2^{2+} + 4H^+ + 2e^- \rightleftharpoons U^{4+} + 2H_2O$	0.27
$Ce^{4+} + e^- \rightleftharpoons Ce^{3+}$	1.72	$IO_3^- + 3H_2O + 6e^- \rightleftharpoons I^- + 6OH^-$	0.26
$MnO_4^- + 4H^+ + 3e^- \rightleftharpoons MnO_2 + 2H_2O$	1.70	$AgCl + e^- \rightleftharpoons Ag + Cl^-$	0.2223
$2HClO + 2H^+ + 2e^- \rightleftharpoons Cl_2 + 2H_2O$	1.63	$S + 2H^+ + 2e^- \rightleftharpoons H_2S_{(aq)}$	0.144
$2HBrO + 2H^+ + 2e^- \rightleftharpoons Br_2 + 2H_2O$	1.604	$SO_4^{2-} + 4H^+ + 2e^- \rightleftharpoons H_2SO_3 + H_2O$	0.16
$Au^{3+} + 3e^- \rightleftharpoons Au$	1.52	$Sn^{4+} + 2e^- \rightleftharpoons Sn^{2+}$	0.15
$MnO_4^- + 8H^+ + 5e^- \rightleftharpoons Mn^{2+} + 4H_2O$	1.51	$TiO^{2+} + 2H^+ + e^- \rightleftharpoons Ti^{3+} + H_2O$	0.1
$Mn^{3+} + e^- \rightleftharpoons Mn^{2+}$	1.5	$S_4O_6^{2-} + 2e^- \rightleftharpoons 2S_2O_3^{2-}$	0.07
$2BrO_3^- + 12H^+ + 10e^- \rightleftharpoons Br_2 + 6H_2O$	1.478	$2H^+ + 2e^- \rightleftharpoons H_2$	0.000
$PbO_2(\alpha) + 4H^+ + 2e^- \rightleftharpoons Pb^{2+} + 2H_2O$	1.468	$Pb^{2+} + 2e^- \rightleftharpoons Pb$	-0.125
$2HIO + 2H^+ + 2e^- \rightleftharpoons I_2 + 2H_2O$	1.44	$Sn^{2+} + 2e^- \rightleftharpoons Sn$	-0.137
$Cl_{2(aq)} + 2e^- \rightleftharpoons 2Cl^-$	1.396	$V^{3+} + e^- \rightleftharpoons V^{2+}$	-0.255
$Cr_2O_7^{2-} + 14H^+ + 6e^- \rightleftharpoons 2Cr^{3+} + 7H_2O$	1.38	$Ni^{2+} + 2e^- \rightleftharpoons Ni$	-0.257
$MnO_2 + 4H^+ + 2e^- \rightleftharpoons Mn^{2+} + 2H_2O$	1.23	$Co^{2+} + 2e^- \rightleftharpoons Co$	-0.277
$O_2 + 4H^+ + 4e^- \rightleftharpoons 2H_2O$	1.229	$In^{3+} + 3e^- \rightleftharpoons In$	-0.3382
$2IO_3^- + 12H^+ + 10e^- \rightleftharpoons I_2 + 6H_2O$	1.20	$Cd^{2+} + 2e^- \rightleftharpoons Cd$	-0.4025
$Pt^{2+} + 2e^- \rightleftharpoons Pt$	1.188	$Cr^{3+} + e^- \rightleftharpoons Cr^{2+}$	-0.424
$Ag_2O + 2H^+ + 2e^- \rightleftharpoons 2Ag + H_2O$	1.173	$Fe^{2+} + 2e^- \rightleftharpoons Fe$	-0.44
$Br_{2(aq)} + 2e^- \rightleftharpoons 2Br^-$	1.087	$S + 2e^- \rightleftharpoons S^{2-}$	-0.45
$VO_2^+ + 2H^+ + e^- \rightleftharpoons VO^{2+} + H_2O$	1.000	$U^{4+} + e^- \rightleftharpoons U^{3+}$	-0.52
$NO_3^- + 3H^+ + 2e^- \rightleftharpoons HNO_2 + H_2O$	0.94	$Ga^{3+} + 3e^- \rightleftharpoons Ga$	-0.53
$Pd^{2+} + 2e^- \rightleftharpoons Pd$	0.915	$AsO_4^{3-} + 3H_2O + 2e^- \rightleftharpoons H_2AsO_3^- + 4OH^-$	-0.67
$2Hg^{2+} + 2e^- \rightleftharpoons Hg_2^{2+}$	0.9110	$Zn^{2+} + 2e^- \rightleftharpoons Zn$	-0.7626
$ClO^- + H_2O + 2e^- \rightleftharpoons Cl^- + 2OH^-$	0.890	$Cr^{2+} + 2e^- \rightleftharpoons Cr$	-0.90
$Hg^{2+} + 2e^- \rightleftharpoons Hg$	0.8535	$Mn^{2+} + 2e^- \rightleftharpoons Mn$	-1.18
$Ag^+ + e^- \rightleftharpoons Ag$	0.7991	$Al^{3+} + 3e^- \rightleftharpoons Al$	-1.676
$Hg_2^{2+} + 2e^- \rightleftharpoons 2Hg$	0.7960	$Mg^{2+} + 2e^- \rightleftharpoons Mg$	-2.356
$Fe^{3+} + e^- \rightleftharpoons Fe^{2+}$	0.771	$Na^+ + e^- \rightleftharpoons Na$	-2.713
$BrO^- + H_2O + 2e^- \rightleftharpoons Br^- + 2OH^-$	0.766	$Ca^{2+} + 2e^- \rightleftharpoons Ca$	-2.84
$Tl^{3+} + 3e^- \rightleftharpoons Tl$	0.72	$Sr^{2+} + 2e^- \rightleftharpoons Sr$	-2.89
$O_2 + 2H^+ + 2e^- \rightleftharpoons H_2O_2$	0.695	$Ba^{2+} + 2e^- \rightleftharpoons Ba$	-2.92
$I_{2(aq)} + 2e^- \rightleftharpoons 2I^-$	0.621	$Cs^+ + e^- \rightleftharpoons Cs$	-2.923
$MnO_4^{2-} + 2H_2O + 2e^- \rightleftharpoons MnO_2 + 4OH^-$	0.60	$K^+ + e^- \rightleftharpoons K$	-2.924
$H_3AsO_4 + 2H^+ + 2e^- \rightleftharpoons HAsO_2 + 2H_2O$	0.560	$Rb^+ + e^- \rightleftharpoons Rb$	-2.924
$MnO_4^- + e^- \rightleftharpoons MnO_4^{2-}$	0.56	$Li^+ + e^- \rightleftharpoons Li$	-3.040
$I_3^- + 2e^- \rightleftharpoons 3I^-$	0.536		

索　引

ア　行

ISFET　153
アノーディックストリッピング
　　ボルタンメトリー　156
アミノポリカルボン酸錯体の生
　　成定数　163
安定度定数　28

イオノフォア　150
イオン化傾向　68
イオン感応性電界効果型トラン
　　ジスタ　153
イオン感応膜　153
イオン交換体型液膜電極　150
イオンセンサー　145,153
イオン選択性電極　145,151
イオン選択電極　149,153
イオン対生成定数　89
イオン対抽出　88

EDTA　32
EDTA 錯体の生成定数　35
EDTA 標準溶液　44

HSAB 則　29
液間電位差　141
液体クロマトグラフィー　103
液膜型電極　150
エネルギー準位　135
塩基解離定数　10
塩析剤　93

オキシン　84
オキシン抽出　96
温度プログラミング　109

カ　行

ガスクロマトグラフィー　107
カソーディックストリッピング
　　ボルタンメトリー　156

硬い塩基　30
硬い酸　30
活性電極　142
活　量　3
活量係数　3
ガラスフィルター　58
ガラス電極　146,148
カラムクロマトグラフィー　99
カルボン酸の分配　86
カロメル（甘コウ）電極
　　144,145
還　元　65
還元剤　65
還元体　65
干　渉　138
緩衝指数　22

キセノンランプ　130
起電力　142,146
8-キノリノール　84
逆抽出　93
吸光度の測定誤差　122
吸収スペクトル　118
吸　蔵　57
共　沈　57
協同効果　90
共役酸塩基対　8
共役酸化還元対　65
供与原子　28
キレート化剤　28
キレート環　28
キレート効果　31
キレート試薬　28
キレート抽出　87
キレート滴定　36
　　――の種類　42
均一溶液からの沈殿法　56
銀-塩化銀電極　81,143,157
金属イオンの副反応　33
金属キレート　28

金属錯体　27,33
金属指示薬　39,40

クラウンエーテル　151
クロマトグラフィー　98,99

蛍光光度法　128
蛍光スペクトル　129
蛍光の消光　132
蛍光分光光度計　130
蛍光分析の感度　133
蛍光量子収率　130
系統定性分析　54
原子吸光分析　137
検出器　106,109
検量線　118

項間交差　129
極微小電極　155
固相抽出法　95
固体膜電極　149
後　沈　57
ゴーレー式　103
混合配位子錯体　90
混晶生成　57

サ　行

サイクリックボルタモグラム
　　153,157
錯形成反応　27
錯体生成定数の決定　125
錯体の生成定数　160
作用電極　153
酸塩基指示薬　21
　　――による終点決定　21
酸　化　65
酸解離定数　10,19
酸化還元指示薬　77
酸化還元電極　142
酸化還元反応　65

索　引

酸化還元半反応　65
酸化剤　65
酸化体　65
参照電極　141,146,153,157
酸の溶液のpH　13

紫外・可視吸光光度法　115
支持電解質　154
指示電極　141,146
磁製るつぼ　60
ジメチルグリオキシム　57,59
弱酸の解離定数　159
弱電解質　2
試薬ブランク　118
終点決定　39,62
終点指示法　77
重量分析　55
条件酸化還元電位　72
条件生成定数　34,36
条件溶解度積　50
消光作用　132
状態図　72
試料導入法　108
振動緩和　129

水酸化ナトリウム貯蔵びん　24
水平化効果　10
水和金属イオン　28
ストリッピング　93
ストリッピングボルタンメトリー　153,156

生成定数　28
絶対検量線　118
遷　移　136
全生成定数　29
全濃度　3

タ　行

多座配位子　28
単座配位子　28

チオシアン酸イオン　117
置換不活性　91
逐次生成定数　29
中間に属する塩基　30
中間に属する酸　30

中空陰極ランプ　138
抽出速度　91
抽出定数　87,89
抽出分離　91
抽出pH　91
抽出率　86
中和滴定　16
超臨界流体クロマトグラフィー　112
沈殿滴定　61

呈色試薬　120
滴定曲線　16,37,61,75
滴定率　61
d-d 吸収帯　116
電位差測定　81,141
電位の窓　74
電解質　1
展開槽　111
電荷移動吸収帯　116
電気的中性の原理　11
電子遷移　116
電子対供与体　9
電子対受容体　9
電離度　5

透過率　117

ナ　行

内部転換　129

難溶性塩の溶解度積　164

ニコルスキー-アイゼンマン式　145
二酸化炭素を含まない水　24
ニュートラルキャリヤー型電極　151
尿素の加水分解反応　56

熱重量分析曲線　59
ネルンストの式　67
ネルンストの分配律　82

濃　度　2

ハ　行

配位子　27

―の副反応　32
π-π^* 吸収帯　117
薄層クロマトグラフィー　110
薄層プレート　111
白金電極　81
バッチ抽出法　92
バリノマイシン　151

非電解質　2
比誘電率　94
標準酸化還元電位　67,142,165
標準水素電極　66,72,143
標準添加法　118
表面吸着　57
秤量形　55,59

ファーネス原子吸光法　138
ファヤンス法　63,64
1,10-フェナントロリン　117,127
フォルハルト法　63
副反応　50,71
副反応係数　33,73
不斉電位　147
物質収支　61,76
物質収支式　3,49
フレーム原子吸光法　137
ブレンステッド塩基　8
ブレンステッド酸　8
プロトン供与体　8
プロトン受容体　8
プロトン付加定数　18,124
分光光度計　119
分光分析　115
分析線　136
分配係数　100
分配定数　83
分配比　83
分別沈殿法　54
分別定量　135
分離カラム　105,109
分離係数　101
分離度　100

平衡定数　5,69
平衡電位　144
平面クロマトグラフィー　99
pH緩衝液　22

ペーパークロマトグラフィー　112

保持係数　100, 110
保持時間　100
補助電極　153
ポテンショスタット　154, 158
ボルタモグラム　153
ボルタンメトリー　153, 155
ポンプ　104

マ 行

膜電位　142, 151
膜電極　142
マスキング　43
マスキング剤　43, 91
マックスウェル-ボルツマン分布　135

水のイオン積　8
水の自己プロトリシス定数　8
水の溶解度　94

モル吸光係数　118
モール法　62, 64

ヤ 行

軟らかい塩基　30
軟らかい酸　30

誘導結合プラズマ原子発光法　136

溶液　1
溶解度積　48
溶解パラメータ　94
ヨウ素-デンプン反応　79
溶媒　93
　——の性質　94
溶媒相洗浄　92

溶媒抽出　82
余色　116

ラ 行

ランベルト-ベールの法則　117

リービッヒ法　62
硫化水素　54
硫化物　54
理論段数　101

ルイス塩基　9
ルイス酸　9
るつぼ　59

励起スペクトル　129
連続変化法　122

ろ紙　58

編者略歴

舟 橋 重 信（ふなはし・しげのぶ）

1941年　愛知県に生まれる
1970年　名古屋大学大学院理学研究科
　　　　博士課程満了
現　在　名古屋大学大学院理学研究科
　　　　教授・理学博士

定量分析—基礎と応用—

定価はカバーに表示

2004年 3 月10日　初版第 1 刷
2022年 2 月25日　　　第11刷

編者　舟　橋　重　信
発行者　朝　倉　誠　造
発行所　株式会社 朝　倉　書　店
　　　　東京都新宿区新小川町 6-29
　　　　郵便番号　162-8707
　　　　電話　03 (3260) 0141
　　　　ＦＡＸ　03 (3260) 0180
　　　　https://www.asakura.co.jp

© 2004〈無断複写・転載を禁ず〉

エス・エム・アイ，渡辺製本

ISBN 978-4-254-14064-4　C 3043

Printed in Japan

JCOPY ＜出版者著作権管理機構　委託出版物＞

本書の無断複写は著作権法上での例外を除き禁じられています．複写される場合は，そのつど事前に，出版者著作権管理機構（電話 03-5244-5088, FAX 03-5244-5089, e-mail: info@jcopy.or.jp）の許諾を得てください．

好評の事典・辞典・ハンドブック

物理データ事典	日本物理学会 編	B5判 600頁
現代物理学ハンドブック	鈴木増雄ほか 訳	A5判 448頁
物理学大事典	鈴木増雄ほか 編	B5判 896頁
統計物理学ハンドブック	鈴木増雄ほか 訳	A5判 608頁
素粒子物理学ハンドブック	山田作衛ほか 編	A5判 688頁
超伝導ハンドブック	福山秀敏ほか 編	A5判 328頁
化学測定の事典	梅澤喜夫 編	A5判 352頁
炭素の事典	伊与田正彦ほか 編	A5判 660頁
元素大百科事典	渡辺 正 監訳	B5判 712頁
ガラスの百科事典	作花済夫ほか 編	A5判 696頁
セラミックスの事典	山村 博ほか 監修	A5判 496頁
高分子分析ハンドブック	高分子分析研究懇談会 編	B5判 1268頁
エネルギーの事典	日本エネルギー学会 編	B5判 768頁
モータの事典	曽根 悟ほか 編	B5判 520頁
電子物性・材料の事典	森泉豊栄ほか 編	A5判 696頁
電子材料ハンドブック	木村忠正ほか 編	B5判 1012頁
計算力学ハンドブック	矢川元基ほか 編	B5判 680頁
コンクリート工学ハンドブック	小柳 洽ほか 編	B5判 1536頁
測量工学ハンドブック	村井俊治 編	B5判 544頁
建築設備ハンドブック	紀谷文樹ほか 編	B5判 948頁
建築大百科事典	長澤 泰ほか 編	B5判 720頁

価格・概要等は小社ホームページをご覧ください.

元素の

族番号 → 1（ⅠA） ← 旧族番号
原子量 → 1.008
周期番号→1 ₁H ← 元素記号
原子番号 ↗ 水素
元素名 ↓

	1(ⅠA)	2(ⅡA)	3(ⅢA)	4(ⅣA)	5(ⅤA)	6(ⅥA)	7(ⅦA)	8(Ⅷ)	9(Ⅷ)
1	1.008 ₁H 水素								
2	6.941 ₃Li リチウム	9.012 ₄Be ベリリウム							
3	22.99 ₁₁Na ナトリウム	24.31 ₁₂Mg マグネシウム							
4	39.10 ₁₉K カリウム	40.08 ₂₀Ca カルシウム	44.96 ₂₁Sc スカンジウム	47.87 ₂₂Ti チタン	50.94 ₂₃V バナジウム	52.00 ₂₄Cr クロム	54.94 ₂₅Mn マンガン	55.85 ₂₆Fe 鉄	58.93 ₂₇Co コバル
5	85.47 ₃₇Rb ルビジウム	87.62 ₃₈Sr ストロンチウム	88.91 ₃₉Y イットリウム	91.22 ₄₀Zr ジルコニウム	92.91 ₄₁Nb ニオブ	95.94 ₄₂Mo モリブデン	(99) ₄₃Tc テクネチウム	101.1 ₄₄Ru ルテニウム	102.9 ₄₅Rh ロジウ
6	132.9 ₅₅Cs セシウム	137.3 ₅₆Ba バリウム	57〜71 ランタノイド	178.5 ₇₂Hf ハフニウム	180.9 ₇₃Ta タンタル	183.8 ₇₄W タングステン	186.2 ₇₅Re レニウム	190.2 ₇₆Os オスミウム	192.2 ₇₇Ir イリジウ
7	(223) ₈₇Fr フランシウム	(226) ₈₈Ra ラジウム	89〜103 アクチノイド	(261) ₁₀₄Rf ラザホージウム	(262) ₁₀₅Db ドブニウム	(263) ₁₀₆Sg シーボーギウム	(264) ₁₀₇Bh ボーリウム	(265) ₁₀₈Hs ハッシウム	(268) ₁₀₉Mt マイトリウム

ランタノイド	138.9 ₅₇La ランタン	140.1 ₅₈Ce セリウム	140.9 ₅₉Pr プラセオジム	144.2 ₆₀Nd ネオジム	(145) ₆₁Pm プロメチウム	150.4 ₆₂Sm サマリウ
アクチノイド	(227) ₈₉Ac アクチニウム	232.0 ₉₀Th トリウム	231.0 ₉₁Pa プロトアクチニウム	238.0 ₉₂U ウラン	(237) ₉₃Np ネプツニウム	(239) ₉₄Pu プルニウム